气象信息技术

孔璐 汤咏康 宋英姿 黄伟 鲁才学 著

国防工业出版社

·北京·

内 容 简 介

本书是气象与信息交叉、边缘学科著作,在全面总结信息技术在气象领域的研究与实施成果基础上,系统阐述了气象信息技术的理论与应用。首先,从宏观上对气象信息系统与技术的定义、内涵和发展现状进行了归纳;然后,从气象数据高性能计算、气象图形图像显示、气象数据处理与管理技术、气象通信网络技术、气象信息软件工程和气象信息系统集成技术等6个方面,重点对气象信息工程技术理论与应用进行了系统、细致分析。本书内容充实、层次分明、理论新颖,具有较强的理论基础和应用价值。

本书可供气象信息工程技术与管理人员研究与业务使用,也可作为高等院校相关专业高年级本科生、研究生教学用书籍。

图书在版编目(CIP)数据

气象信息技术 / 孔璐等著. —北京:国防工业
出版社,2014.1
ISBN 978 - 7 - 118 - 09176 - 2

Ⅰ. ①气... Ⅱ. ①孔... Ⅲ. ①信息技术 –
应用 – 气象学 Ⅳ. ①P409

中国版本图书馆 CIP 数据核字(2013)第 290782 号

※

国防工业出版社出版发行
(北京市海淀区紫竹院南路23 号 邮政编码100048)
国防工业出版社印刷厂印刷
新华书店经售
*
开本880×1230 1/32 印张4⅞ 字数146 千字
2014 年1 月第1 版第1 次印刷 印数1—2000 册 定价68.00 元

前　言

　　气象信息化水平是决定气象保障能力高低的重要因素之一,本书是气象与信息交叉、边缘学科较为系统的专业理论与应用著作。本书在全面总结信息技术在气象领域的研究与实施成果基础上,系统阐述了气象信息技术的理论与应用。首先,从宏观上对气象信息系统与技术的定义、内涵和发展现状进行了归纳;然后,从气象数据高性能计算、气象图形图像显示、气象数据处理与管理、气象通信网络、气象信息软件工程和气象信息系统集成等 6 个方面,重点对气象信息工程技术理论与应用进行了系统、细致分析。本书对于提高气象业务信息化水平,增强基于信息系统的气象保障能力,具有较高的理论与实际应用价值。其主要内容的学术水平与应用价值体现在以下几个方面:

　　(1) 以气象信息系统为载体,以气象和信息交叉、边缘学科为主要内容,丰富了气象信息系统工程专业领域的理论性,具有较高的学术价值和可拓展性。

　　(2) 通过理论分析和比较,选取可以用于解决气象信息系统中不同问题的若干方法进行深入、详细的介绍和说明,以引导读者正确、合理、有效地使用这些方法,因而本书有关内容具备方法论的意义。

　　(3) 追踪当前气象信息领域研究热点和技术前沿,提出并真正应用于气象领域的系统论、软件工程、信息系统、信息管理以及计算机技术等理论,可实现对气象信息系统的理论支撑和技术支持,因而,本书有关内容具先进性和前瞻性。

　　(4) 本书有关应用的内容,既有对书中有关理论和技术进行应用实证的作用,又对解决气象信息系统中类似问题、引导气象信息系统建立过程中的创新思维和手段等,具有一定的指导意义和参考价值。

本书内容充实、层次分明、理论新颖，既可供气象信息工程技术与管理人员研究与业务使用，又可供其他科研和专业技术人员在进行气象信息系统研发工作中学习、参考使用，还可作为高等院校相关专业高年级本科生、研究生教学用书籍。

本书在编写过程中参考引用了国内外同行的著作与文章，在此表示感谢！

限于作者的知识水平，书中难免存在疏漏之处，恳请广大读者不吝批评指正。联系请发邮件至 E – mail 地址：burning666@163.com。

编著者

2013 年 9 月

目　录

第1章 绪 论

1.1 气象信息系统

1.1.1 定义与内涵

气象信息系统负责收集、处理、存储、交换与分发各种气象信息和相关非气象信息,承担信息的集中统一管理、数据质量控制和信息服务,主要包括通信网络系统、高性能计算机系统、数据处理与管理、信息存储与信息共享服务等。

高性能计算,即为高性能计算机和高性能服务器的应用,是各国特别是发达国家竞相争夺的战略制高点。作为国家信息基础设施的核心,就气象部门而言,高性能计算对科学研究和技术创新具有战略性影响。

信息存储检索系统是指用于各类气象信息规范化存储管理、支持各领域用户信息获取的数据库系统,是气象数据综合管理平台,其中的用户服务部分称为信息共享平台。

数据管理是指在数据收集、处理、存储归档、共享服务的各个环节过程中应该贯彻的指导原则、方针和具体执行方法。数据处理与管理是指气象信息与技术体系改革中具有政策性、指导性的基础业务工作,其制订的原则要求贯彻于气象信息与技术体系改革与建设的全过程。

通信是通过某种媒体进行的信息传递。计算机网络是通过信息设备和介质将地理位置不同的、功能独立的多个计算机系统连接起来,以功能完善的网络软件实现资源共享和信息传递的系统。简单地说,即连接两台或多台计算机进行通信的系统。

信息安全从技术角度来看是指对信息系统的固有状态的攻击与保护的过程,它以攻击保护信息系统、信息自身及信息利用3个层面中的机密性、可鉴别性、可控性和可用性等4个核心安全属性为目标,确保信息与信息系统不被非法授权所掌握,这是机密性;信息系统的信息与操作是可

1

鉴别的,这是鉴别性;信息与系统是可控制的,这是可控性;能随时为授权者提供信息及系统服务,这是可用性。具体反映在物理安全、运行安全、数据安全、内容安全等4个层面上。

1.1.2　作用与地位

气象信息系统是整个气象事业的公共技术基础设施,是国家信息基础设施的重要平台和组成部分,是世界气象(气候系统)基础设施的重要节点,是整个多轨道业务技术体系能否高效运转的基础保障。气象信息技术体系的作用是面向国家需求和世界气象领域科技与业务发展提供基础气象信息资源服务。

气象信息系统是气象信息与技术保障体系的重要组成部分,是多轨道业务和功能体系的公共技术基础支撑,起着纽带与支撑作用。它不仅可以将某一轨道的观测、预报观测、服务和研究有机结合,构成完整的研究型轨道业务系统,同时还将多个轨道有机融合,相互支持,形成集约化发展,发挥多轨道业务的综合效益。针对所有功能体系气象信息系统的作用也是一样,为此气象信息系统发展应适度超前。

首先,数据处理与管理是信息系统工作的重要组成部分之一,将与信息收集、加工处理、存储管理和共享服务等功能模块一起构成整个信息系统。其次,数据处理和管理工作与其他功能平台关系密切:气象观测系统是原始观、探测资料的信息来源,气象通信网络系统是资料收集和产品分发的渠道,预报预测系统是资料服务的对象。同时,各轨道系统产生的业务服务产品又成为资料收集的一个重要部分。因此,数据处理与管理工作贯穿于整个气象业务流程,在各个业务系统中都有相应的体现。

1.2　气象信息技术发展与现状

1.2.1　气象信息技术的发展历程

气象信息技术是紧随通信网络、计算机应用、高性能计算等信息技术的发展而发展的,如气象通信网络先后经历了莫尔斯通信、电传通信、无线传真业务、计算机通信、网络建设、9210工程建设等不同时期。

计算机应用在气象领域也经历了不同发展阶段:20世纪50～70年代中后期,主要是基于国产计算机的早期应用;20世纪70年代后期,高性能巨型计算机问世;20世纪80年代初在 M-160Ⅱ和 M-170 计算机上建立了气象通信系统和短期数值天气预报业务系统;1989年和1991年,作为中期数值天气系统工程建设中最重要的技术设备——美国的 CDC 公司的 CYBER962(1480万次/s)和 CYBER992(3460万次/s)计算机先后到货安装;1991年,T42L9 中期数值预报业务系统终于研制成功,正式制作5天的全球预报;1993年,国产银行巨型计算机 YH2(4个 CPU,每秒4亿浮点运算)安装成功,同年 T63L16 中期数值预报业务系统在 YH2 上建成,结束了我国气象部门没有亿次巨型机的历史;1994年,我国首次引进了美国 CRAY 公司的 CRAYC92 巨型计算机;1997年,更高分辨率的 T106L19 中期数值预报业务系统建成,并投入业务运行,预报时效延长到10天。

20世纪90年代中期,逐步装备和应用大规模并行计算机(MPP)作为气象部门高性能计算机应用的主要发展方向。经过建设开发,构成了由国产曙光1000A 并行计算机(每秒32亿浮点运算)、YH3 并行计算机(每秒180亿浮点运算)和引进的 IBM SP 并行计算机(总体能力:每秒720亿浮点运算)等所组成的国内最大的多机型异构并行计算环境;1999年神威Ⅰ系统开始运行时,其计算能力是国内第一、国际先进水平;2004年引进了21万亿次/s 的 IBM Cluster 1600 计算机,于2005年1月投入业务运行。

气象资料整编是气象资料工作的一项基本业务。除了日常性整编外,我国进行了6次较大规模的阶段性整编,分别在1952年、1961年、1971年、1981年、1991年和2003年开始进行。对10年、20年或30年为周期积累的资料进行整编。通过几次整编建立了地面、高空、辐射等资料的数据集或数据库,以满足气象业务、服务和科研工作的需要。

在数据管理方面,气象部门于20世纪80年代开始研究利用数据库技术管理数据。20世纪90年代初,利用 VMS 操作系统的索引文件管理系统开发的新一代数据库系统开始投入业务运行。随后开发的9210数据库是面向全国气象部门的统一数据结构,统一用户界面的分布式数据库,也是我国气象部门第一次采用大型商用数据库管理系统来开发实时气象资料数据库。2003年,"国家级气象信息存储管理系统"(MDSS)开始建设,2007年投入业务运行。

"气象资料共享系统建设"项目研制完成了中国气象科学数据共享服务网,该网是由国家级、区域和省级共享系统有机组成的覆盖全国、分布式的网络化科学数据共享服务系统,由一个主平台和若干个分平台组成,系统实现了基于统一元数据标准的信息发布和用户一点登录全网数据透明访问,系统采用统一标准规范,实现了全网数据、用户的分级管理;用户可以通过访问本系统获取分布在不同节点的基于 Web 的数据检索与下载服务。该网络是气象部门第一个建成的具有真正意义的分布式信息网络体系。

1.2.2 气象信息技术应用现状

1. 高性能计算机系统

国家气象信息中心高性能计算机系统 IBM 高性能计算机由业务分区域科研分区数百个节点组成。每个分区之间是相互独立的,其分区内部各节点间采用各自内部的高性能交换网络进行互连,设计上某个分区的故障不会对另一个分区造成任何影响。IBM 高性能计算机系统上承担的业务模式包括数值预报业务系统和动力气候模式预测系统。目前区域气象中心和各省级高性能计算机系统中,除了少数区域气象中心开发运行了特色数值模式,其他大部分运行的都是 MM5 和 GRAPES 业务模式。

2. 数据处理与管理

气象数据处理与管理业务的基本功能包括各类气象感测资料及其相关资料的收集、加工处理、归档和服务。经过多年的发展,气象资料业务已形成国家、省、台站 3 级数据处理业务机制。气象数据处理和管理业务经过几十年的发展,已经基本形成了观测资料的自动收集、加工处理、存档和服务的业务流程。

数据处理已经开展了以地面和高空质量控制为主的质量控制业务,国家级开展了气候资料的均一性检查和订正研究,国家和省建立了地面自动站资料质量评估业务,开展了地面、高空和辐射资料的统计整编业务,围绕气象数据处理业务,建立了一系列规范和标准;开发气象数据资源,生产和制作了一批数据集产品。

我国建立了国家级、省级数据管理机构;各级数据管理机构已经建立了对基本数据的收集、处理业务;对收集的资料范围也有明确的分工,对主要探测数据的收集业务流程不断完善;各级数据管理结构对主要常规观测资料按照规定的时间进行审核、统计、整编,数据质量不断提高;大部分数据在国家级、省级进行了存储和归档。针对科研、业务对气象资料的巨大需求,各级数据管理机构均开展了数据的服务工作。尤其是近年来,国家级数据共享服务取得了很大进展。几年来国家级数据管理机构注重了对数据管理技术标准的制定,研制了"气象数据元数据格式标准""气象科学数据集制作与归档技术规定""气象数据集说明文档格式标准""气象资料的分类编码及命名规定"等技术规定。

目前气象资料的服务主要使用在线服务和离线服务两种方式。其中,在线服务主要通过气象科学数据共享服务网和国家气象信息中心气象资料服务网进行;离线服务是通过数据服务人员进行数据管理,利用光盘等介质将资料提供给用户。用户主要分布在气象部门、高等院校、科研院所、部队和农业、水利部门。

3. 气象通信网络系统

目前,我国气象信息网络系统已建成了连通全国两千多个县,具有较高水平的卫星通信和地面公共通信相结合的气象通信网络系统;通信与网络业务系统主要包括宽带网、卫星通信系统、天气预报电视会商系统、办公自动化(OA)与灾情传输系统、国际通信系统、各级局域网络系统、Internet 系统等。建成了气象、国防、海洋、水利、地震和航空航天等部门联通的资料共享交换网络系统。气象信息网络系统已建成基本气象资料共享服务平台,建设完成由多种气象数据共享分系统组成的、覆盖全国、连接世界的分布式气象科学数据共享网络体系。

4. 信息存储与共享系统

其主要的气象资料已经进入数据库系统进行管理和服务,已经建立大量标准、规范的可供用户直接使用的数据集产品,使气象资料的完整性、安全性和准确性得到越来越多的保障。数据存储管理发展和应用经历了单机管理、局域网络管理、广域网络管理与海量综合数据管理系统 4 个阶段。

自 20 世纪 90 年代中期起,依托 9210 工程建设项目,在全国范围内建成了地(市)级以上各级气象数据库,形成了 NICC、RICC、PICC、CIMS 上下配套的 4 级分布式数据库系统,并采用了统一数据库管理系统、数据格式和应用界面,实现气象信息的高效应用、交换和统一管理。

目前,国家气象信息中心已成为 WMO(世界气象组织)全球气象电信系统区域通信枢纽之一,形成了由国产和引进的高性能计算机、海量存储系统、高速局域网组成的高性能计算及网络系统;建成了基本气象资料共享服务平台与分布式气象科学数据共享网络体系。

第2章　气象数据高性能计算

2.1　气象数据高性能计算概述

2.1.1　高性能计算

高性能计算(High Performance Computing,HPC)是计算机科学的一个分支,主要是指从体系结构、并行算法和软件开发等方面研究开发高性能计算机的技术。

1. 高性能计算的含义

HPC 指通常使用很多处理器(作为单个机器的一部分)或者某一集群中组织的几台计算机(作为单个计算资源操作)的计算系统和环境。有许多类型的 HPC 系统,其范围从标准计算机的大型集群到高度专用的硬件。大多数基于集群的 HPC 系统使用高性能网络互连。基本的网络拓扑和组织可以使用一个简单的总线拓扑,在性能很高的环境中,网状网络系统在主机之间提供较短的潜伏期,所以可改善总体网络性能和传输速率。

图 2.1 显示了一网状 HPC 系统。在网状网络拓扑中,该结构支持通过缩短网络节点之间的物理和逻辑距离来加快跨主机的通信。尽管网络拓扑、硬件和处理硬件在 HPC 系统中很重要,但是使系统如此有效的核心功能是由操作系统和应用软件提供的。

HPC 系统使用的是专门的操作系统,这些操作系统被设计为看起来像是单个计算资源。其中控制节点形成了HPC 系统和客户机之间的接口。控制

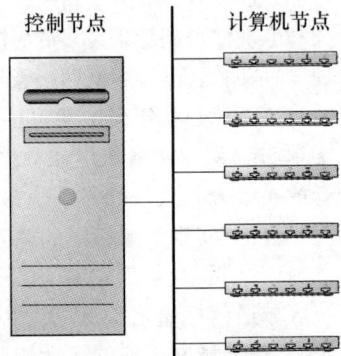

图 2.1　高性能计算
总线网络拓扑

6

节点还管理着计算机节点的工作分配。

对于典型 HPC 环境中的任务执行,有两个模型——单指令/多数据(SIMD)和多指令/多数据(MIMD)。SIMD 在跨多个处理器的同时执行相同的计算指令和操作,但对于不同数据范围,它允许系统同时使用许多变量计算相同的表达式。MIMD 允许 HPC 系统在同一时间使用不同的变量执行不同的计算,使整个系统看起来并不只是一个没有任何特点的计算资源(尽管它功能强大),可以同时执行许多计算。

不管是使用 SIMD 还是 MIMD,典型 HPC 的基本原理是相同的:整个 HPC 单元的操作和行为像是单个计算资源,它将实际请求的加载展开到各个节点。HPC 解决方案也是专用的单元,被专门设计和部署为能够充当(并且只充当)大型计算资源。

2. 高性能计算的发展趋势

HPC 的发展趋势主要表现在网络化、体系结构主流化、开放和标准化、应用的多样化等方面。网络化的趋势将是高性能计算机最重要的发展趋势,高性能计算机的主要用途是网络计算环境中的主机。以后越来越多的应用是在网络环境下的应用,会出现数以十亿计的客户端设备,所有重要的数据及应用都会放在高性能服务器上,客户机/服务器(Client/Server)模式进入到第二代,即服务器聚集的模式。

网格(Gird)已经成为 HPC 的一个研究热点。网络计算环境的应用模式目前是 Internet/Web,信息网格模式将逐渐成为主流。在计算网格方面美国领先于其他国家,美国当前对于网格研究的支持可与其 20 世纪 70 年代对 Internet 研究的支持相比,10 年后可望普及到国民经济和社会发展的各个领域。网格与 Internet/Web 的主要不同是一体化,它将分布于全国的计算机、数据、贵重设备、用户、软件和信息组织成一个逻辑整体。各行各业可以在此基础上运行各自的应用网格。

在体系结构上,一个重要的趋势是超级服务器正取代超级计算机而成为 HPC 的主流体系结构技术。高性能计算机市场的低档产品主要是 SMP(Symmetric Multi-Processor,对称多处理机),中档产品是 SMP、CC-NUMA(Cache Coherent-Non-Uniform Memory Access,支持缓存一致性的非均匀内存访问)和机群,高档产品则采用 SMP 或 CC-NUMA 节点的机群。

总的来说,国外的高性能计算机应用已经具有相当程度的规模,在各个领域都有比较成熟的应用实例。在政府部门大量使用高性能计算机，能有效地提高政府对国民经济和社会发展的宏观监控和引导能力，包括打击走私、增强税收、进行金融监控和风险预警、环境和资源的监控和分析等。

3. 中国 HPC 的发展

高性能计算机 90% 的用途是非科学计算的数据处理、事务处理和信息服务。在中国，高性能计算机将越来越得到产业界的认同，成为重要的生产工具，高性能计算机已广泛应用于生物、信息、电子商务、金融、保险等产业，它同时也是传统产业（包括制造业）实现技术改造、提高生产率——"电子生产率"（e-Productivity）和竞争力的重要工具。HPC 已从技术计算（即科学计算和工程计算）扩展到商业应用和网络信息服务领域。

应该说高性能计算机在国内的研究与应用已取得了一些成功，包括曙光超级服务器的推出和正在推广的一些应用领域。利用高性能计算机做气象预报和气候模拟，对厄尔尼诺现象及灾害性天气进行预警。国庆50 周年前，国家气象局利用国产高性能计算机，对北京地区进行了集合预报、中尺度预报和短期天气预报，取得了良好的预报结果；此外，在生物工程、生物信息学、船舶设计、汽车设计和碰撞模拟以及三峡工程施工管理和质量控制等领域都有高性能计算机成功应用的实例。

但是总的说来，高性能计算机在国内的应用还有待发展，主要原因在于装备不足、联合和配套措施不力及宣传教育力度不够。随着网络化和信息化工作的深入，国内社会已逐步意识到高性能计算机的重要性。HPC 已经成为科技创新的主要工具，能够促成理论或实验方法不能取得的科学发现和技术创新。973 项目中的很多项目（尤其是其中的"高性能软件"和"大规模科学计算"项目）都与高性能计算机有着密切的关系。

2.1.2 气象领域高性能计算的主要特征

1. HPC 资源较为匮乏

HPC 在气象行业中主要应用于数值天气预报领域的业务和科研工作，而数值天气预报的具体工作内容实质，相当于计算数学领域中的"偏微分方程组的数值求解"。由于始终存在"次网格尺度物理过程"，导致数值预报模式的分辨率难有满意的终结目标，而数值预报模式分辨率的不断提高,又使得求解方程组的计算量呈几何级数上升。因此,HPC 资源在气象行业中将始终是稀缺资源。

2. 并行化业务模式的"紧耦合型"特征

高时间敏感度要求具有巨大计算量的数值天气预报业务模式必须在规定时间内完成;因此 HPC 的使用以及高效并行计算的实地化应用是必然的选择。数值预报模式的并行计算方法大致如下:将离散化成规则水平和垂直格点的计算区域在水平方向上划分成若干个规则的计算域,计算域的数量一般与可使用的 HPC 节点数量大致相等(或略低),每个计算节点上运行一个计算域。由于偏微分方程组在每个格点进行时间和空间数值积分计算时都需要初始值以及相邻格点的计算值作为其边界值,因此最初的初始值和边界值需要按照计算域的划分进行组织和准备;而在整个计算过程中,每积分一个时间步长,相邻计算域之间便至少需要互相通信一次,交换上一次积分的计算结果,以作为下一时间步长积分的边界值。计算节点只有在得到相邻节点传来的本计算域所需要的边界值后,方能开始下一个时间步长的计算。

因此,就 HPC 而言,数值天气预报模式属于大规模"紧耦合型"的科学计算问题。对"紧耦合型"并行计算而言,各计算节点的运算时间应精确一致,如此方能避免某一计算域虽已完成计算,但因相邻计算域的计算结果尚未产生,信息无法交换,从而导致该计算域因无法获得相邻计算域的计算结果而发生的等待现象。

2.1.3 气象领域高性能计算的发展

自 20 世纪 80 年代起,国家级中心的 HPC 能力以每 5 年近 1.5 个数量级的速度高速增长。国家级气象单位汇聚了国内高素质的数值模式和资料同化专家队伍,负责模式系统的改进、业务运行、产品适用以及各种新型探测资料(雷达、卫星等)同化技术的研究和应用。

近年来,全国多个地方气象部门在当地政府财政拨款和有关项目的支持下,购置了 HPC 系统,计算能力迅速提高。从分布上来看,主要的计算能力均位于区域中心和经济发达地区气象局。

地方气象部门的 HPC 能力近年来虽有较大提升,但与国家级气象单位相比,无论从计算资源的总量、系统维护管理水平,还是应用开发能力来看,都有较大差距。地方气象部门的 HPC 系统设备使用存在以下一些主要问题:设备利用率不高、部分设备老化和故障率高,缺少必要的维持和升级的经费来源;计算能力不能满足当地需求,尤其是科研方面的大计算量需求;缺少必要的系统维护队伍和 HPC、气象数值模式专业人才。从地方气象部门的业务应用来看,绝大部分购置 HPC 的省份运行的一般是 GRAPES 和 MM5 模式。但能够对这些模式进行本地化改进(本地地形、参数化方案、加密资料同化等)的省份不多,需要得到国家级数值预报专家的指导,以形成具有当地特色的中小尺度模式。从地方气象部门的计算需求来看,部分省市特别是各区域中心气象研究所开展了极端天气及气候特征的形成机理、预报方法等方面的科学研究,各区域中心拥有自己区域特色的气象数值模式。随着当地经济发展和人民生活水平的提高,政府和公众对天气预报的要求不断提高,决定了这些气象数值模式的时空分辨率很高,迫切需要一个共享的、功能强大的计算资源共享平台。

因此,亟需构建一个气象部门范围跨地域的 HPC 资源共享与协同管理平台,以解决全国气象部门计算资源的地域分布不均匀的问题,优化资源配置,充分发挥国家级气象单位在数值天气预报方面的指导作用。

2.2　并行计算及其在气象中的应用

2.2.1　并行计算

20 世纪 60 年代初期,由于晶体管技术与存储器技术的发展导致并行计算机的出现,这一时期的典型代表就是 IBM 360。创建和使用并行计算机的主要原因是并行计算机是解决单处理器速度瓶颈的最好方法之一。并行计算机是由一组处理单元组成的,这组处理单元通过相互之间的通信与协作,以更快的速度共同完成一项大规模的计算任务。因此,并行计算机的两个最主要的组成部分是计算节点和节点间的通信与协作机制。并行计算机体系结构的发展也主要体现在计算节点性能的提高以及节点间通信技术的改进两方面。

就单台计算机系统而言,采用 SMP 技术是扩展其性能的比较有效的方法,它可以将系统中的多个操作系统分布在多个处理器上执行以获得并行处理的效果。SMP 技术可以通过多线程并行来提高性能。通过采用并行多线程技术,服务器可以通过 SMP 技术同时处理多个应用请求,使得这些程序获得了更好的运行效果,而且在台式机的专业应用软件中,并行多线程技术的采用也日益增多。

伴随 SMP 技术的出现,带来另外的问题,那就是当应用增加时,虽然可以通过增加处理器的方法来扩展系统能力,但是,一方面需要有扩展连接处理器的系统总线的高超技术,并不是每个系统厂商都能做到,另一方面由于对共享资源的竞争所造成的系统瓶颈,使得单机系统的性能呈非线性增长。因此,当应用增加超过单机系统的承受能力时,就采用集群系统(Cluster)。在集群系统中,每台服务器处理各自的工作,提供各自的服务。当需要更高的性能以适应更多的应用时,既可以升级原有的服务器(增加更多的处理器、内存和存储等),又可以在集群系统中增加新的服务器。更进一步,集群系统在平衡和扩展整个计算机应用系统的工作负载的同时,也为用户提供了高性能和高可用性。

1977 年,DEC 公司推出了以 VAX 为节点机的松散耦合的集群系统,并成功地将 VMS 操作系统移植到该系统上。20 世纪 90 年代后,随着 RISC 技术的发展运用和高性能网络产品的出现,集群系统在性能价格比(Cost/Performance)、可扩展性(Scalability)、可用性(Availability)等方面都显示出了很强的竞争力,尤其是它在对现有单机上的软、硬件产品的继承和对商用软、硬件最新研究成果的快速运用,从两方面表现出传统 MPP 无法比拟的优势。

2.2.2　气象领域的并行计算

并行计算技术的发展推动了许多并行计算机应用领域的发展,如数值气象预报、航空航天技术、核数值模拟等。反过来,大型应用领域每深入一层,也对并行计算提出了更高的要求,促进了并行计算技术的进步。尤其是 20 世纪 90 年代可扩展并行计算技术与并行计算应用系统的研究成果相互渗透,促使并行计算及其应用得到了飞速发展。从科学和经济两方面来看,大气数值模拟的进步归功于超级并行计算机的成功应用,数值气象预报的历史发展与高性能并行计算息息相关。

早在 1922 年,L. F. Richardson 首次提出在几千台计算机上通过数值方法来进行气象预报。他想象几千台计算机围成一个圆形露天剧场形状,由一个中心控制器来控制它们进行数值计算工作。而真正的起步工作是 1940 年 von Neumann、Charney 及其同事们把数值气象预报作为首要的科学问题之一来进行研究。这一工作不仅引导了数值气象预测作为一门学科的确定,也为国家级数值气象预报中心的建立奠定了基础。

自 1940 年以来的数十年中,数值气象预报在数值方法、串并行算法和计算技术方面与气象科学、气候科学、基本物理模式一起均有迅速的发展。Washington 和 Parkinson 在其基本原理方面进行了深刻的论述,把大量的数值气象模式及问题的解法从一般的计算流体力学问题中分离出来, 建立了新的数学模型。这种建立在球坐标上的流体力学的方程需要考虑存在南北极的数学处理方法。而影响大气环流的物理现象和气候研究的长期数值模拟所带来的计算强度又要比其他科学领域大得多。

常规数值模式的基本结构对并行计算有特别重要的影响。大气数值模式由两方面组成:动力学部分,也就是大气流体力学的原始方程;物理学部分,处理如辐射、云、潮湿等物理现象的物理方法。解动力学的数值方法通常采用有限差分法和谱截断方法,在一些模式中半拉格朗日方法也已被引入使用。从并行计算的角度来看,这些方法各有其特色。就物理学部分而言,一般模式中对并行计算有重要影响的不是水平方向而是垂直方向的数据依赖关系。

2.2.3 数值气象预报中的并行算法

气象工作者不断改进预报模式和提高初始资料的质量,并应用高性能并行计算技术来提高数值气象预报的精确性和时效性。模式所包含的物理过程的改进和模式分辨率的提高,是模式可用预报时效延长和预报精度提高的主要途径。同时科学家还在寻求积分时间周期更长的气候模式(几十年甚至几百年)。提高初始资料的质量主要在于观察资料的质量控制和资料同化方案的改进。这将带来比原来计算量大得多的计算,而预报本身是受时间限制的,因此,只有设计高效的并行算法、并行计算实现技术,充分发挥现代并行计算机性能提高计算速度,才能在尽可能短的时间内提供准确的预报产品。

并行算法的一般设计方法有:串行算法的直接并行化;从问题的描述开始设计并行算法;从求解问题的数学方法上得到某种启示,借用已知的某类问题的求解算法求解另一类问题。

数值气象预报大多归结为求解某一特定而复杂的非线性偏微分方程(组)。长期以来,科学家们为解数值气象预报问题积累了大量有效的串行算法,在其基础上的直接并行法是设计并行算法的首要选择。同时充分利用已有的好的并行算法可简化预报系统的设计,缩短预报系统开发研究周期。紧密结合新一代并行计算机系统的结构特点。

目前,在数值气象预报的并行算法研究方面(谱变换算法、多重网格法、区域分解法、最优插值法、变分法、加速 Schwarz 收敛方法、高低解方法、非线性 Jacobi 迭代方法和 Newton 线性化迭代方法等)取得了一系列研究成果。这主要体现在以下几个方面。

1. 经典网格点方法

20 世纪 40 年代末期以来,解流体力学问题的经典网格点方法曾在数值气象预报模式的早期实验中普遍应用。时至今日,经典网格点方法仍在一些气象和气候预测模式中应用,如有限区域模式 MM5、全球海洋常规环流模式 OGCM 等。可针对其数据相关性强、并行计算性能低的特点,设计高效的并行算法。

2. 谱变换方法

随着快速傅里叶变换的发展,20 世纪 70 年代发展起来的基于全球谱转换的谱方法与经典的网格点方法相比,虽然有计算量和存储量均大的缺点,但具有计算精度高、稳定性好、程序简单而有效的突出特点。近 10 年来,超级并行计算技术的发展推动了谱方法的进一步发展,在数值气象预报领域的应用越来越广泛。可设计基于转置的谱变换并行算法,以解决存储、负载平衡、通信开销等关键问题,得到较好的并行计算结果。

3. 最优插值

资料同化的组成部分客观分析普遍采用统计最优插值方案。与模式坐标一致的增量分析方法在全球和区域数值预报方面得到应用。而随着模式分辨率的提高,与预报模式系统相匹配的同化系统的计算量也会大为增加。可设计最优插值的并行计算方法,以解决影响最优插值方案并行计算的负载平衡和计算通信开销等瓶颈问题。

4. 变分法

为了进一步提高初始资料的质量,需要寻求新的同化方案。变分同化方案具有先进的基本原理,能够有效地利用包括非模式变量的多种特殊观测被普遍认为是新一代最有前途的数值气象预报初值形成方法。但新的同化方案带来新的并行计算问题,这就需要研究创新的并行实现技术。

2.2.4 数值气象预报中的并行实现技术

数值气象预报的并行计算是在高性能并行计算机上所作的超级计算,其物质基础是高性能并行计算机。研究并行算法的实现和设计并行计算应用系统时,需针对新一代高性能并行计算机的结构特点,设计一系列高效的并行实现技术,以充分发挥设计的并行算法和并行计算机性能。主要内容包括以下几点。

(1)设计灵活的内存空间分配方案,随着并行处理机数目的增加,并行程序单任务所占内存空间减少。即使并行程序在处理机数目不多的并行计算环境下不能计算,但只要处理机增加到一定数目就可实现并行计算;同时随着处理机数目增加可保持并行算法实现的线性加速比。

(2)设计循环数据分配、数据重分配等技术,解决了数值气象预报系统影响并行计算性能的瓶颈——负载不平衡问题。数值预报的流体问题是一个旋转球面上依赖于速度和压强的流体问题。这种建立在球坐标系上的流体力学方程需要考虑存在南北极的特殊数学处理方法,而自然顺序的数据剖分方法将带来任意一个计算场的负载不平衡,也就是说,解数值预报流体问题的某些特殊数值方法中,各个计算场具有不同的数据相关性,一致的数据剖分方案将导致严重的负载不平衡。

(3)根据数据相关性合理利用高速缓存的可重用性。CPU速度与数据存取速度的差距越来越大,CPU速度每18个月增长一倍,而内存访问速度在同期内只增加15%,Cache机制缓解了这一高性能计算研究与应用关注的问题。合理利用Cache,关键在于根据高性能并行计算机的体系结构特点设计应用系统,提高数据的局部性。

(4)减少通信延迟对并行计算性能的影响。设计通信结构调整技术,减少通信次数;设计单个处理机内部的某些计算量与其他计算量的通信重叠、全局的计算与全局通信或局部通信重叠技术,减少甚至消除通信在并行计算过程中的独占时间。

(5)优化I/O,降低数值预报系统并行计算总体时间。为缓解数值气象预报系统总内存空间占用大的问题,一般的解决办法是以工作文件的形式存储计算过程中的某些量。而作者设计了随着并行处理机数目的增加,并行程序单任务所占内存空间减少的优化技术,在这个基础上可用内存存储来取代工作文件的读、写,减少I/O开销。

2.3 网格计算及其在气象中的应用

2.3.1 网格计算

1. 网格计算的含义

网格计算是伴随着互联网而迅速发展起来的专门针对复杂科学计算的充满理想色彩的新型计算模式。其原理是:利用互联网把分散在不同地理位置的闲置计算机组织成一个虚拟的计算机,其中每一台参与计算的计算机为一个处理节点,而整个计算资源是由成千上万个节点组成的一张网格,所以这种计算方式叫做网格计算。

这样组织起来的"虚拟计算机"有两个优势:其一,从理论上看,真正有效组织起来的计算网格,其处理能力相当于该网格所能组织起来的所有闲置计算机处理能力的总和,而互联网上闲置的计算机(包括 PC 机)成千上万,潜在的能力资源蕴藏丰富,故理论上它具有超强的数据处理能力;其二,其资源来自于网上的闲置资源,"化闲为宝",因而这些资源的使用代价相对低廉。

网格计算的需求缘自于信息爆炸所引发的处理能力需求的激增,现有高性能计算机昂贵价格所导致的高昂的信息处理代价,以及遍布于互联网上的无数闲置计算机所蕴含的丰富的潜在计算能力资源。其构想缘自于遍布全球、近百年来行之有效并应用广泛的电力网格。因此,计算网格的本质就是在分布式网络环境下实现各种资源的全面协同共享。

2. 网格计算的特点

互联网上闲置的计算和存储资源千差万别,如何充分利用这些资源,是网格计算面临的最大挑战。因此,网格计算强调"共享"与"协同"。"共享"是将互联网上海量、自治、分布、异构的资源进行有效组织,以服务的方式为用户提供统一、透明的访问机制。而"协同"是指资源可以相互交互、理解、协作,以共同完成复杂的网格应用。

从技术角度看,网格计算通过互联网将地理位置上呈分布状态的各个计算资源和数据资源虚拟化,从而创建出一个单一的系统映像,保证用户和应用程序能够透明访问和使用这些巨大的 IT 资源。通过网格计算,地理上分布并且异构的环境或组织可以互相通信,共享所有资源,协同解决问题。此外,由于这些"网上的闲置资源"的实际拥有者千差万别,各拥有者使用各自设备的时间、方式和频度等无法事先预知并掌握,因此这些闲置资源在网上的存在和消失是随机和动态的。亦即,网格计算的资源在内容和规模方面都是动态的,是时常变化的。

综上所述,通常意义下的计算网格具有基于互联网、资源规模动态变化、资源异构等特点。

3. 网格计算的目的

网格计算的目的:通过任何一台计算机都可以提供无限的计算能力,可以接入浩如烟海的信息。这种环境将能够使各企业解决以前难以处理的问题,最有效地使用他们的系统,满足客户要求并降低他们计算机资源的拥有和管理总成本。网格计算的主要目的是设计一种能够提供以下功能的系统:

(1)提高或拓展型企业内所有计算资源的效率和利用率,满足最终用户的需求,同时能够解决以前由于计算、数据或存储资源的短缺而无法解决的问题。

(2)建立虚拟组织,通过让他们共享应用和数据来对公共问题进行合作。

(3)整合计算能力、存储和其他资源,使得需要大量计算资源的巨大问题求解成为可能。

(4)通过对这些资源进行共享、有效优化和整体管理,能够降低计算的总成本。

现在,网格计算主要被各大学和研究实验室用于高性能计算的项目。这些项目要求拥有巨大的计算能力,或需要输入大量数据。

2.3.2 网格计算与高性能计算之间的关系

众所周知,高性能计算是能够解决当时技术能力发挥到极致时所可能解决的最难的计算问题的最强者。从架构上看,高性能计算绝不仅仅是一堆处理器的简单堆砌、互连,一台高性能计算机不但包括众多当时先进的处理器作为计算单元,而且包括用以将这些计算单元连接成一个强有力实体的高速互连网络,以及一整套能有效提升计算和内部通信性能的管理系统和软件工具包。而这一切,无一不是当时所可能采用的最新、最先进的技术成果。唯其如此,这个经典意义上的高性能计算机方能在计算能力和计算时效方面达到当时科学计算领域所能达到的最高水平;

也正由于此,高性能计算机的商业价格非常昂贵。

反观网格计算,"闲置资源的共享"及"资源的可有效利用"是其本质和关注重点。网格计算自身并不主动关注或推动科学计算以及高速通信等有关 IT 技术的创新和发展;事实上,网格计算在硬件方面完全沿用现有的技术、产品、设备及相关基础设施;它是一种计算资源组织和使用方式的创新理念。就高性能计算领域而言,网格计算的优势在于其潜在的可能被利用的计算资源规模的巨大。然而,且不谈由于"异构性"难题尚未解决,散布在互联网上的大量异构资源目前难以(或无法)有效整合利用;即便该问题得到解决,可以因此拥有巨大的计算资源,也并不等价于一定具备了计算性能的高指标。就并行计算的"紧耦合"问题而言,计算节点间高速通信条件的具备与拥有充足的计算节点同等重要。目前网格计算所依托的现有远程商用通信网络,其最高带宽相当于 Gb/s 级,即便将这些商业公网资源全部用于某个计算网格的节点间通信,其带宽与目前高性能计算机所采用的内部点到点通信带宽相比,也至少低两个数量级(国内网格计算的带宽则还要再低一个数量级)。而且,由于网格计算所辖资源地理分布的发散性,以及利用现有所有硬件技术设备及基础设施的基本特征,使它永远不可能拥有与其同时代的经典意义上的高性能计算机所具有的节点间高速互联的基础条件。所以,单就节点间通信带宽匮乏而言,也是网格计算真正涉足于高性能计算领域的难以跨越的门槛。

2.3.3　气象领域的网格计算

网格以其独有的计算资源共享、信息资源共享和协同工作的特点,在气象领域也得到迅速发展与应用,这方面尤以 ECMWF 最为突出。ECMWF 为其中期数值预报业务系统 IFS 建立了一个 EcAccess 系统,欧盟成员国的科研人员可通过 Internet 登录 ECMWF 的巨型计算机、数据资源及应用程序,可以根据自己的数值方案设置各种参数与选择不同的模块,进行数值预报模式的比较试验与分析,从而实现计算资源、信息资源的共享与协同工作的目的。

美国超级计算应用中心、NCAR 等在 2003 年也启动了 MEAD 计划,通过使用 TeraGrid 网格来提高对飓风和强风暴的模拟,应用范围涉及计算、工作流、数据的管理、模式的耦合及数据分析等,借此推动 MRF 计划的发展与应用。

目前中国气象局已具备了较先进的高性能计算条件,如国家气象中心配备了 IBMSP、神威、银河等高性能计算机;中国气象科学研究院和区域气象中心也先后配备了 COMPAQ、曙光、银河、SGI 等计算机。全国有多个研究院所、大学、省市气象局的科研人员从事数值预报系统的研究与开发,因此如何将分散的高性能计算机资源及人力资源有效地聚合起来,建立一个协同攻关的网络环境,发挥更大的经济与社会效益是急需解决的一个问题。而网格的出现则为上述问题提供了一个解决方案,在气象业务系统及科研体系建设中发挥作用。

(1)实现网络环境下的按需预报。通过应用网格,用户可自己订制数值预报系统的预报范围、运行模式、预报产品,最终提交作业运行数值预报业务系统。

(2)聚合行业内部的高性能计算资源。将分布在不同地理位置上的计算机资源有效地利用起来,提高资源利用率。

(3)建立异地协同攻关的网络环境。数值预报系统的开发研究是一项庞大的系统工程,网格则能够联合分布在各地的技术力量进行协同攻关。

(4)实现气象信息的共享。用户可以根据自己的预报服务需求实现其对数据的调用,使得对资料提取的方式由传统的被动接收方式变为主动选择方式。

(5)加快科研成果向业务转化的进程。

2.3.4 气象网络应用计算系统

下面着重介绍针对气象部门的高性能计算资源地域性分布不均、气象系统内计算资源要实现充分共享的问题,设计并实现基于计算资源的统一接口的气象应用网格,完成异地气象模式作业的提交和结果返回,实现气象部门内高性能计算资源的整合和管理。

1. 系统概述

气象网络应用计算系统主要依托国产高性能计算机,通过整合现有资源,采用网格计算技术与网络化远程应用技术,向科研教育领域提供共享服务的高性能计算资源软、硬件平台和网络化应用环境。该系统所涉及的计算资源主要包括以下两类节点:

(1)国家级主节点。它采用网格技术,集合国家级强大的高性能计算资源、存储资源和数据资源,建设一个气象信息计算共享平台,向外提供资源共享、典型气象模式应用和产品数据分发服务。

（2）各区域分节点。它主要完成该区域中心所覆盖的省级气象部门所需气象数据的后处理、特殊产品的加工和分发。包括各区域中心的计算机、网络和通信等环境的设计和建设、业务化运行环境的保障、研发基于数值预报产品的应用系统和适用系统。各区域气象中心分节点针对本区域中心所覆盖省份的地理特点和气象条件，在资料应用、同化和嵌套技术、地形处理、物理过程调试、扩散方案、垂直分层等方面提出特色方案。同时，针对自身特点，建立和开发面向省级气象部门的数值预报产品应用系统。

2. 气象网格节点架构

气象网络计算应用系统的整体架构由位于国家级主节点和分布在全国不同地区的若干个区域气象中心分节点组成，通过全国气象宽带网络连接起来，是一个紧耦合的分布式网络共享运行系统。整体架构采用了"国家级＋区域中心"上下两级集中管理的架构，如图 2.2 所示。

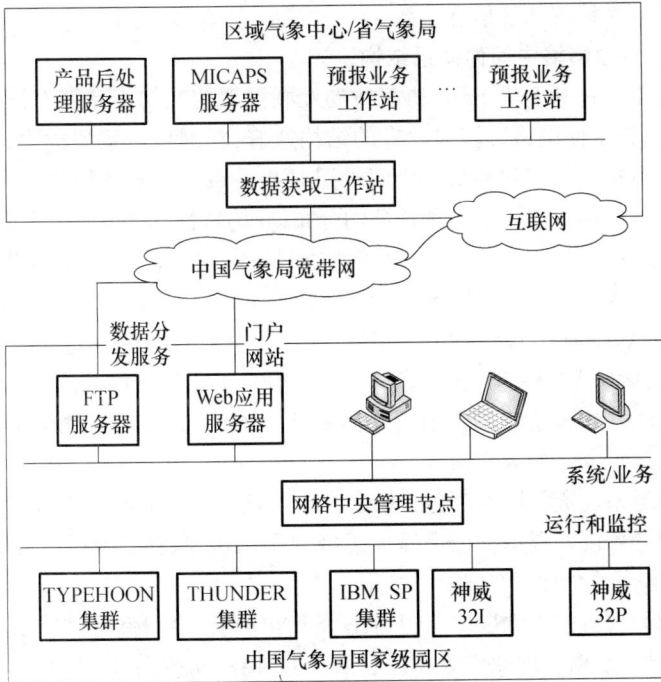

图 2.2　国家气象网络计算应用系统

国家级主节点在国家级中心部署一个专用的网格中央节点,作为整个系统的中央管理节点和单一资源访问入口,管理国家级中心内的高性能计算系统,采用国家级园区骨干网通信。各区域分节点主要完成该区域中心所覆盖的省级气象部门所需气象数据的后处理、特殊产品的加工和分发。在各气象区域中心部署一个专用的区域级网格中央节点,作为该区域中心的中央管理节点和单一资源访问入口,管理区域所辖各省、市气象局的高性能计算系统,采用区域中心内部网络通信。

国家气象网络应用计算系统最终将不同管理域内的一种或多种异构分布资源有效地聚合起来,构建一个虚拟的资源管理与协作平台。以易用的接口形式,在一定的服务质量保证下,安全、可靠地提供给用户使用。网格管理节点和网格门户系统在国家级中心设置,分别部署一个网格管理节点和一个门户系统。网格门户系统以 Web 形式提供访问,网格管理节点作为全国气象高性能计算网格的总管理节点,负责汇聚全国气象高性能计算系统的状态信息。

3. 气象网格中间件体系结构设计

由于现在基于 TCP/IP 协议栈的互联网架构最初不是针对网格计算设计的,为了使网格计算和现有的结构兼容,在网格体系架构中,一般要有一个可扩展的中间件层。中间件层是指一系列工具和协议软件,其功能是屏蔽网格资源层中各种资源的分布、异构特性,向网格应用层提供透明、一致的使用接口。目前比较成熟的网格中间件有 Globus Toolkit、Condor、Legion、计算资源的统一接口(UNiform Interface to COmputing REsources, UNICORE)、EGEE gLite 等,经过与气象业务需求进行比较和分析,最终确定 UNICORE 为气象计算网格开发工作的支撑基础平台。基于网格中间件的国家气象应用网格体系结构如图 2.3 所示,整个系统自下而上从逻辑上划分为 5 层。

(1)系统资源层。其包含国家气象信息中心和全国 8 大区域中心的高性能计算设备资源。该层提供了资源调用接口,便于高层网格服务的实现。

(2)网格中间件层。其包含基于 UNICORE 中间件的网格资源管理调度软件、数据管理软件等。该层屏蔽了网格资源层中计算机的分布、异构特性及数据的异构性,向高层提供用户编程接口和相应的环境,提供更为专业化的服务和组件。

20

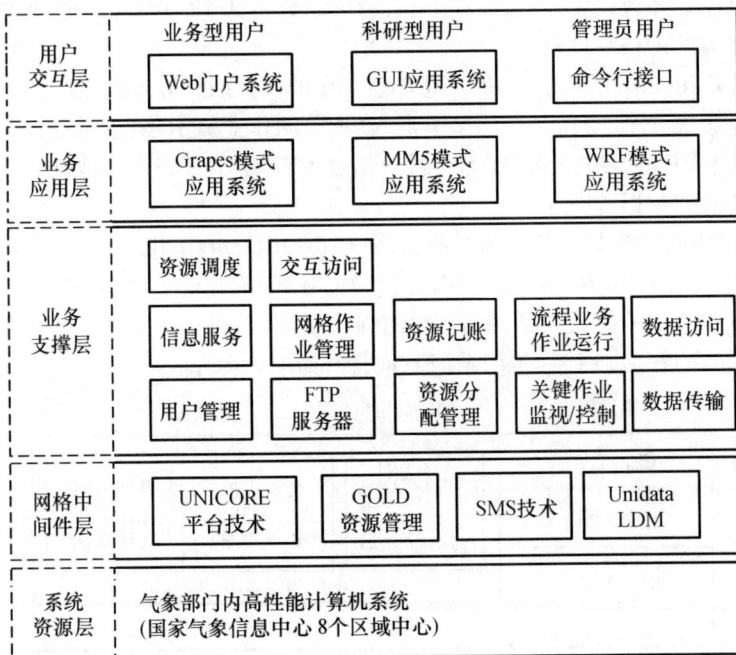

图 2.3　国家气象应用网格体系结构

（3）业务支撑层。其包含资源收费、用户管理、数据访问和传输、业务流程控制等功能，是实现业务应用的共性功能构件平台，业务应用依赖于业务支撑软件构件的搭建。

（4）业务应用层。其包含 Grapes、MM5、WRF 等在网格环境下运行的常用气象业务模式。在网格计算环境下，该模式应用业务已经转化为整个网格计算平台的一个面向应用的构件，可以作为一个业务软件库加以维护。

（5）用户交互层。用户通过 3 种方式提交计算任务。利用业务软件库的构件，通过业务支撑层制定计算任务，通过网格中间件实现计算任务的透明执行。

UNICORE 于 1997 年在德国联邦教育与研究部 BMBF 的资助下进行开发，先后得到了 UNICORE、UNICORE Plus 等项目的支持。后来，UNICORE 逐渐拓展到欧盟支持的项目中，如 EUROGRID、GRIP、Open-MoldGRID、DEISA。2004 年夏季开始，UNICORE 按照 BSD 许可证提供开源共享。经过研发人员、计算中心、用户的努力，UNICORE 已经演化成世界知名的网格软件系统。

UNICORE 的特性包括：支持单点登录的友好的图形界面；通过 X. 509 证书集成安全、支持复杂的多节点/多步骤的作业流引擎；通过插件支持科研和商业应用；成熟的作业监控；通过 UNICORE – SSH 支持交互访问和集成的数据传输等。

UNICORE 基于 C/S 体系架构，由 UNICORE Server 和 UNICORE Client 组成。基于 UNICORE 的国家气象应用网格实现方案主要依赖于 UNICORE Server 提供的网格管理的强大功能，采用人机交互界面实现计算任务的管理。主要的实现途径有两种，如图 2.4 所示。

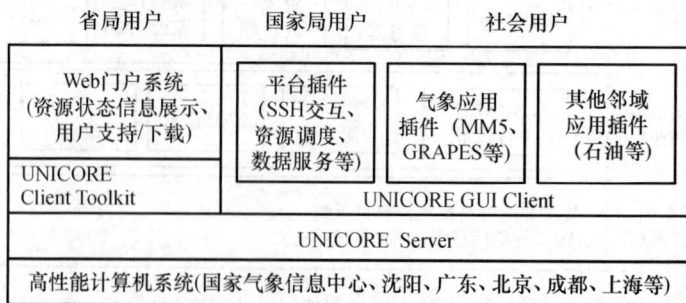

图 2.4　基于 UNICORE 的国家气象应用网格实现方案

（1）采用 UNICORE Client 为基本框架，将开发相关的插件集成到 UNICORE Client 界面上，实现 UNICORE Client 通用界面，完成特定气象应用网格的管理任务。目前实现的插件有：资源调度、数据服务为主的平台插件；以 Grapes、MM5、WRF 模式计算的气象应用软件插件；其他行业模式计算软件插件。该实现方案同时还基于 UNICORE 的 C/S 模式。

（2）采用 UNICORE Client Toolkit 提供的 API（应用程序接口），按照气象应用网格的需要开发全新的 GUI 来实现计算任务的管理。并将开发出的 GUI 集成到现有的 Web 门户系统中，实现应用的大集成，并成为B/S 模式，具有较好的灵活性。

4. 系统实现

依托本气象计算网格平台，用户可以方便、快捷地建立典型气象模式系统的网格应用环境。用户只需定义好工作流程，制定可行的运行保障方案，利用业务工作流控制技术，就能将特定的气象模式系统投入业务运

22

行,并持续、稳定地提供服务;还可以根据实际预报需求,定制参数化,提高预报分辨率,增加预报产品的类型和内容。典型气象模式系统的运行环境已在国家级节点上建立。以中尺度气象模式 Grapes 为例,用户登录 UNICORE 客户端后,首先添加一个 Grapes 作业,然后确定任务名、计算时间以及设置远程工作目录和本地文件输出路径等。此外,还可以对模式允许的常规参数和高级参数分别进行设置。文件上传和文件下载选择窗口可以用于在本地存储和远程存储之间进行文件传输。作业执行完毕后,执行取结果操作,返回作业运行的标准输出和标准错误,一并返回的还有模式运行的结果。如果是图形化的结果,还可以查看图形界面。

2.4 云计算及其在气象中的应用

2.4.1 云计算

1. 云计算的含义

云计算(Cloud Computing) 是一种近几年提出的计算模式,是分布式计算(Distributed Computing)、并行计算(Parallel Computing) 和网格计算(Grid Computing) 的发展。之所以称它为"云",是因为亚马逊 Amazon 公司云计算的鼻祖之一把网格计算取了一个新名称——"弹性计算云"(Elastic Compute Cloud,EC2),并把它成功应用于商业领域。所以可以认为云计算是网格计算的商业进化升级版。云计算的基本原理是,用户所需的应用程序并不需要运行在用户的 PC、手机等终端设备上,而是运行在互联网的大规模服务器集群中。用户所处理的数据也并不存储在本地,而是保存在互联网的数据中心里。这些数据中心正常运转的管理和维护则由提供云计算服务的企业负责,并由他们来保证足够强的计算能力和足够大的存储空间来供用户使用。在任何时间和任何地点,用户都可以任意连接至互联网的终端设备。因此无论是企业还是个人,都能在云上实现随需随用。同时用户终端的功能将会被大大简化,而诸多复杂的功能都将转移到终端背后的网络上去完成。

简单地说,云计算是指云服务商通过建立采用了云计算技术构建的网络服务器集群,向各种不同类型客户提供在线软件服务、硬件租借、数据存储、计算分析等不同类型服务。

云计算中的云根据云的部署模式和云的使用范围进行分类,可以将云分为3类，即公共云、私有云和混合云。

（1）公共云。当云以按服务方式提供给大众时，称为"公共云"。公共云由云提供商运行，为最终用户提供各种各样 IT 资源。

（2）私有云。相对于公共云，私有云的用户完全拥有整个云的中心设施，可以控制应用程序在哪里运行，并且可以决定允许哪些用户使用云服务。

（3）混合云。混合云是把"公共云"和"私有云"结合在一起的一种方式。用户可以通过一种可控的方式部分拥有，部分与他人共享。还可以利用公共云的成本优势，将非关键的应用部分运行在公共云上。同时将安全性要求更高、关键性更强的主要应用通过内部的私有云提供服务。

2. 云计算的特点

云计算与传统的计算模式相比，具有高可靠性、高可扩展性、易用、灵活和高性价比等特点。

（1）高可靠性。云资源的管理通过数据多副本、容错、计算节点同构、可互换等措施来保障服务的高可靠性。

（2）高可扩展性。云计算具有很强大的可扩展性，云中的 IT 资源可以随着业务量的增减而弹性地改变，从而满足业务发展的需求。

（3）易用性。云计算将大大降低对客户端的设备要求，用户只需连接因特网，并安装浏览器的终端设备，登录相应系统即可使用云资源。

（4）高性价比。从用户的角度来讲，不再需要对软件及硬件资源的资金投入，云计算不但可以节省计算机软、硬件的花费，而且可以节省大量的机房面积和机房运行管理维护的费用。

2.4.2 云计算对气象领域的影响

根据云计算的现状和特点，结合气象领域信息处理系统实际情况和需求，可以预见云计算对气象领域的影响。

1. 计算平台的改变

气象领域每天打交道的天气预报产品，需要大量的科学计算才能给出，对于复杂的天气系统预报，如台风路径的预测更需要超大型计算机的计算。超级计算机的应用确实提高了我国整体的预报计算能力，但使用成本是非常高的，省一级气象科技人员还没有能力提交计算应用，一些模式运算只能在本系统内的小型机上进行，使效率低下。而云计算能够为气象预报工作带来强大、灵活和低成本的协作与创新平台,云计算一个最明显的优势是可以降低应用计算的成本,提高效率。粗略地计算,比如PC每个CPU芯片的处理能力是200MIPS,就是每秒钟执行200M(也就是两亿次)指令,如果实现了有一万个节点就是一台PC连接的分布式系统,总的处理能力是2000000MIPS,如果节点上是小型机,那处理能力就更难以想象,世界上最快的芯片也无法达到这个速度,因为在一定面积上设计的芯片的速度是有极限的,不可逾越。所以预报科技人员只要通过一台PC甚至一台3G手机连接到云计算平台,就可以实现超大型计算机完成的任务或完成不了的作业。

2. 数据存储方式的改变

随着公共服务需求的提速,气象数据成几何倍数增长,每天的自动站、雷达、雨量标校站、卫星,常规气象资料及历史资料入库构成了各级气象领域网络中心每年数据库建设的常态,2009年统计气象数据存储每年以50%~70%增长,网络中心需不断投资购买昂贵的硬件设备,负担频繁的维护与升级,而服务器和存储的利用率仅为15%~25%,电力和空调占数据中心总运行费用的25%~35%。云计算存储的新颖之处在于它几乎可以提供无限的廉价存储和计算能力,利用云计算存储模式,数据储存在云端,由专业的服务商提供维护,把分布在大量的分布式计算机上的内存、存储和计算能力集中起来成为一个虚拟的资源池,并通过网络为用户提供实用存储服务。云计算存储对用户端的设备要求很低,气象科技人员只要用廉价的终端设备链接到云存储,就可以拿到需要的数据资料,这一特点决定了云计算将会在各单位的网络中心大受欢迎,可以减轻数据中心人员工作强度,为单位节约大量的计算机、网络交换等硬件设备的购买和维护成本。

3. 数据共享平台的改变

气象领域是一个资源极其丰富、数据极其庞大的行业,近几年国家对气象信息资源建设的投入不断加大,各个单位都积累了大量的气象信息资源,目前的现状是各个单位信息资源只在本单位共享,缺乏一个行业之间、部门之间的气象信息共享平台,这极大地浪费了资源,重复建设问题十分突出。这个问题在云计算时代将得到解决,全球或全国的气象行业拥有一个气象公共云,这一气象公共云将基于Web的服务器、存储、数据库和其他云计算架构的服务放在一个可供世界各地气象人员或气象爱好者使用访问的平台。对于预报和行业之间的合作,如和航空、农业、林业、水利部门之间可以创建部门云,各部门把资料放在同一云中,资料共享,共同合作,协同工作,各取所需。

4. 气象服务平台的改变

气象部门是公共服务部门,为全社会提供防灾减灾服务,从省到市县各单位拥有一套气象服务平台,大同小异,建设雷同。而在云计算时代,将是这样的云气象服务平台:它将各种IT资源,包括OS、服务器、路由器、存储器等,以虚拟化技术等服务提供给云消费者,我们作为云消费者只要按时提供云气象服务平台需要的交互数据就可以了。气象科技服务部门关心的是业务种类和服务类型以及如何使定制化服务可以更商业化,同时为气象事业带来丰厚的经济收入;通过云计算模式,不再为基础设施的建设投入资金,只需根据自己的需求,从云服务提供商那里获得虚拟的基础设施服务,这在很大程度上减少了对这些基础设施建设、运行和维护的成本,同时节约了用电。

2.4.3 气象领域的云计算

以下针对气象水文业务的几种云计算应用,如高性能气象水文计算云、气象水文数据中心云和气象水文应用软件开发测试云的架构思想和特性进行分析。

1. 高性能气象水文计算云

高性能气象水文计算云在传统的高性能计算架构基础上,还需要增加资源的管理、用户的管理、虚拟化的管理、动态的资源产生和回收。计算云可以实现资源的自动管理、动态分配、自动部署、重新配置及资源自动回收,也可以自动安装软件和应用,从而实现快速高效、动态优化的高性能计算资源分配。图2.5是高性能气象水文计算云示意图。

从图2.5中可以看到,用户通过网络登录高性能气象水文计算云,提出资源使用申请和运行及环境配置要求。在本例中用户提出气象数值预报和海洋数值预报两个项目申请,云计算管理中心根据所有计算资源动态地分配、部署和配置申请项目的运行环境,快速完成申请项目的工作。云计算中心将计算产品及成果通过网络交付给气象水文科研单位或工作人员。在每个项目结束后计算中心自动回收资源,这样可以充分发挥计算中心的计算能力,利用云计算的特性,高性能气象水文计算云。中心不仅能提供科研所需的高计算能力,同时还可以扩展计算中心的服务内容,作为一个数据中心服务于其他的应用,提高整体资源利用率。

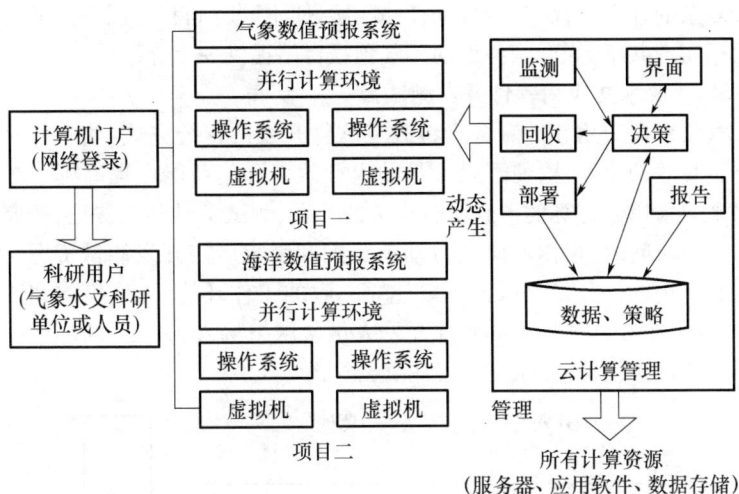

图 2.5　高性能气象水文计算云示意图

2. 气象水文数据中心云

气象水文数据中心云将通过资源集中管理,虚拟化设计,让各种应用软件运行在共享资源上;通过自动化处理,使得气象水文数据资源实施调配。它通过硬件设备资源虚拟化、软件版本标准化、系统管理自动化和服务流程一体化等手段为气象水文工作者提供数据分享服务。图 2.6 是气象水文数据云示意图。

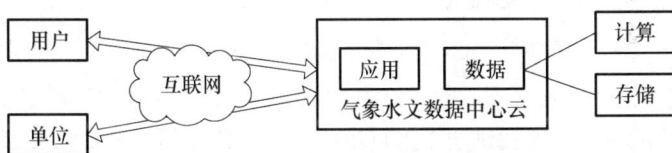

图 2.6　气象水文数据中心云示意图

气象水文数据中心云,为用户提供基于云端的操作系统和各种服务集合。用户和单位通过互联网与数据中心进行数据交换。数据中心是一个云计算服务的操作系统,在该系统上可以进行气象水文软件的应用和气象水文数据的管理。气象水文数据的管理是基于云的数据库管理系统。气象水文数据中心云可以提供三方面服务,即计算服务、存储服务和平台管理以及资源分配的控制器服务。

气象水文数据中心云针对气象水文预报业务计算量大的特点,可以

27

完成复杂的计算,解决海量数据存储问题,使不同时间和不同空间的初始场数据实现共享,为全国各地的天气预报台站提供一个合作平台。

3. 气象水文应用软件开发测试云

气象水文应用软件测试云将改变软件开发的传统方式,使软件交付具有更高效的协作性,使开发人员的生产效率和创新能力提高到一个新的水平。采用云计算的形式结合先进的开发、测试工具和方法论,按照既定的项目时间表,根据不同项目动态分配和释放所需开发测试资源。气象水文应用软件开发测试云可以建立一致的工作环境、工作模式和工作平台,让分布在各个机构的软件开发人员从网络接入到"云"的环境中进行开发测试工作,气象水文开发测试云见图2.7。

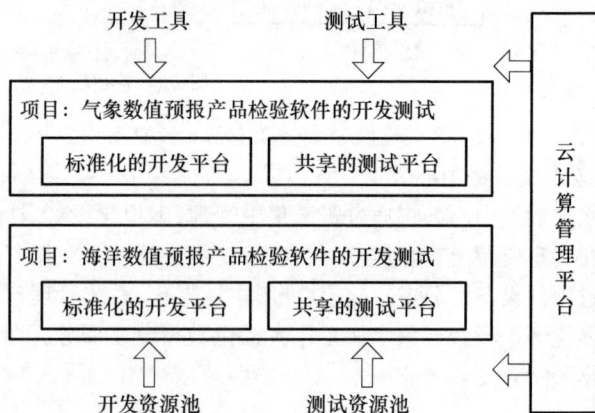

图 2.7　气象水文应用软件开发测试云示意图

用户向气象水文应用软件开发测试云,提交了气象和海洋数值预报产品,检验软件开发测试两个项目申请。云计算管理平台会快速、合理地配置好虚拟资源(硬件设备、操作系统),通过标准化的管理建立统一的流程规定、版本和变更平台,即标准化开发平台。利用这个标准化开发平台完成软件的开发工作。在软件开发工作完成后,云计算管理平台会根据软件的功能测试和性能测试要求建立共享的测试平台,完成软件的测试工作。项目结束后,释放回收计算资源。

由此可见,气象水文应用软件开发测试云可以根据开发需求快速、及时、主动地提供开发人员所需的环境,开发人员无需单独地去部署开发测试环境,从而可避免人工错误和时间延误,加快测试资源的周转率。

28

第3章 气象图形图像显示

3.1 气象领域的图形图像

3.1.1 气象数据分类与表达

1. 气象数据分类

以气象数据分类为基础,从不同的角度理解数据,就产生多种数据分类方法。

(1)按照数据来源分类,可分为常规测量数据可视化、雷达数据可视化、预报模式输出数据可视化。

(2)按照数据物理意义分类,可分为温度场、湿度场、风场、气压场等。

(3)按照数据分布的拓扑结构分类,可分为网格数据、散乱数据。

(4)按照数据性质分类,可分为标量型、矢量型和张量型。

(5)按照数据尺度分类,可分为大尺度、中尺度和小尺度。

(6)按照观察数据的维数分类,可分为二维、三维、二(1/2)维。

(7)按照观察数据的方式分类,可分为二维、三维、四维及多维。

(8)按照获取的手段分类,可分为常规探测资料与非常规探测资料(卫星、雷达等)。

(9)按照数据资料被处理程度分类,可分为原始资料、一级加工资料(要素库)、二级加工资料(分区资料、分层资料、专项资料)、三级加工资料(数值预报产品资料)等。

(10)按照获取时间分类,可分为历史资料与实时资料。

(11)按照内容分类,可分为名词型、次序型和数值型数据。

(12)按照数据范围分类,可分为全球与区域数据。

(13)按照数据分辨率分类,可分为高分辨率与低分辨率数据等。

2. 气象数据常用表达方式

气象信息的载体是数据,它的常用表达方式包含以下内容:

（1）数据。

（2）文字。

（3）符号。比文字表达更形象，这些符号描述天空云量。只有气象专业人员能了解每种符号的含义。

（4）图标。简单仿真模拟天气现象，比符号更形象。

（5）简单一维图形。

（6）二维图形（科学计算可视化技术实现）。

（7）三维图形（科学计算可视化技术实现）。

（8）虚拟现实表达。

利用视觉、听觉、触觉等方式对大气规律和现象进行模拟仿真表达，追求真实感和身临其境的感觉，是气象信息表达的最高境界。汶川地震的救援体现了对构建虚拟气象环境的迫切需求，在虚拟气象环境中可以模拟、试验、考察恶劣天气环境对航空飞行、空降、空投、抢险救灾等行动的影响。

虚拟现实表达的实现需要综合大气科学、科学计算可视化、虚拟现实、图形图像处理、计算机科学、人工智能、人机交互等多个技术领域的知识，是一项多学科交叉的综合技术。

3.1.2 天气图的绘制

1. 气象资料的观测和传递

气象观测是制作天气图和进行天气预报的基础。气象站越多，预报越准确。为此，全世界建立了上万个陆地气象站、7300 多个船舶观测站和900 多个携带自动气象站的系泊航标和浮标站，配置了各种天气雷达，动用了 3000 多架飞机，并在太空布设了 10 多颗气象卫星，组成全球大气监测网。这个监测网每天在规定的时间里同时进行观测，从地面到高空，从陆地到海洋，全方位、多层次地观测大气变化，并将观测数据编制成国际气象电码，通过国家气象通信网络（National Meteorological Telecommunication Network）迅速汇集到各国国家气象中心，各国国家气象中心再通过区域气象通信网（Regional Meteorological Telecommunication Network）将数据传送到世界上 15 个区域气象中心，区域气象中心最后通过主通信网（Main Telecommunication Network）将数据传送到 3 个世界气象中心，然后世界气象中心将数据通过上述通信网络转发至世界各地。图 3.1 所示为全球通信系统 3 个组成部分(主通信网、区域气象通信网和国家气象通信网)之一的主通信网。图 3.1 中墨尔本(MELBOURNE)、华盛顿(WASHINGTON)和莫斯科(MOSCOW)为世界气象中心,其余的为区域气象中心。

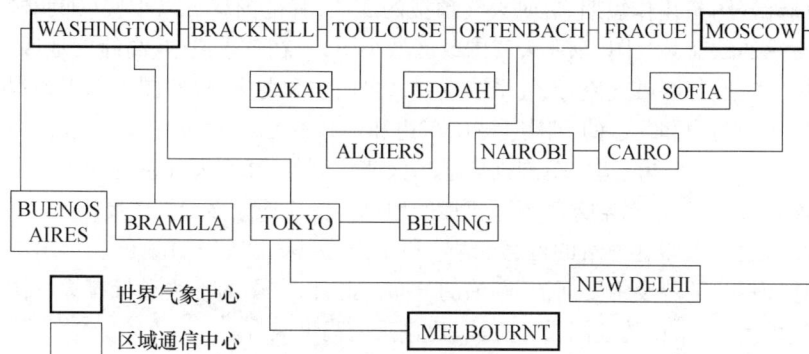

图 3.1　全球通信系统中的主通信网

气象观测必须满足以下条件:

(1)代表性。观测记录不仅要反映测点的气象状况,而且要反映测点周围一定范围内的平均气象状况。气象观测在选择站址和仪器性能、确定仪器安装位置时要充分满足观测记录的代表性要求。

(2)准确性。观测记录要真实地反映实际气象状况。观测时要严格按照观测规范要求执行,以确保观测资料的准确性。

(3)比较性。气象观测在观测时间、观测仪器、观测方法和数据处理等方面要保持高度统一,才能使绘制的图真实地反映出某一时刻较大区域内大气的状况。

2. 气象资料的填图和分析

各地气象台(站)将收集到的观测数据,立即译成直观的数字或符号,按国际规定的填图格式,一一填写在天气图底图相应的位置上,然后按照天气图分析原则和技术规定绘制出各种等值线、天气系统和天气区等,得到可供预报用的各种天气图,为预报员提供预报依据。过去天气图的填图、等值线的绘制和分析是由预报员手工完成的,现在从资料收集、检查、填图直到等值线的绘制和分析已全部由计算机完成,实现了天气分析业务的全自动化。

用来填写各地气象台(站)观测记录的特制地图,称为天气图底图,或简称底图。

31

1）底图的范围和内容

底图范围的大小，主要应根据预报时效的长短、预报区域所在的地理位置和季节而定。用作中、长期天气预报的底图，其范围应当大些（如半球天气图）；用作短期、短时天气预报的底图，其范围就可以小些（如我国常用的欧亚天气图、东亚天气图或区域小图）。在冬季或中、高纬度地区，因上空盛行西风气流，天气系统主要来自西方和北方，故底图上邻近预报区域的西边和北边的范围应该比东边和南边的范围大些；在夏季或低纬度地区，东边和南边的范围则应适当大些。另外，高空天气系统的水平尺度比较大，所以高空天气图所包括的地理范围应比地面天气图要广些。

底图上印有测站的区号、站号和站圈，并采用适当的颜色表示出陆地、海洋、地势及主要河流、湖泊的分布。此外，在图的下边还标有天气图的种类、所采用的地图投影方法、比例尺和高度表等。

2）底图投影

天气图常用的投影有以下 3 种：

（1）双标准纬线正形圆锥投影（兰勃特投影）。双标准纬线为 30° 和 60° 纬线。在这种图上，经线为向极点收敛的放射性直线，纬线为同心圆弧，如图 3.2(a) 所示。这种图在 30° 和 60° 附近失真最少，最适合作中纬度地区的天气图底图。

（2）极地平面投影。这种投影经线为以极地为放射点的放射性直线，纬线为同心圆，如图 3.2(b) 所示。这种图在极地和高纬度失真较小，半球天气图和极地天气图多采用这种投影。

（3）等角正圆柱投影（墨卡托圆柱投影）。这种图经纬线为互相垂直的直线，如图 3.2(c) 所示。热带地区的天气图多采用这种投影。

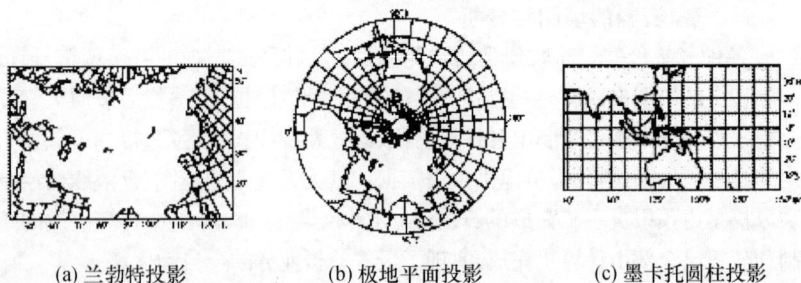

(a) 兰勃特投影   (b) 极地平面投影   (c) 墨卡托圆柱投影

图 3.2   3 种投影经纬网的形状

3. 天气图的种类

气象台常用的天气图主要是地面天气图和高空天气图。此外,还有各种辅助图,用以显示天气过程的各个不同侧面。辅助图分为两大类:地面辅助图,如天气实况演变图、危险天气现象图、变压图、变温图和降水图等;高空辅助图,如流线图、等熵面图、变高图、温度对数压力图等。实际工作中,可根据需要选用。

4. 图时

图时是指天气图上所填资料的时间。根据世界气象组织(WMO)的规定,目前全世界的观测站都统一在 00、06、12、18 世界时进行地面定时观测,在 00、12 世界时进行两次高空观测,因此地面天气图图时为 00Z、06Z、12Z、18Z(08、14、20、02 北京时),高空分析图的图时为 00Z、12Z(08、20 北京时),Z 表示世界时。所以一天中应该有 4 张地面图、两套高空图。此外,各地区还可以根据需要进行天气定时观测以外的观测,如两次定时观测之间(03Z、09Z、15Z、21Z)的地面天气辅助观测、航线天气观测等。

3.1.3 地面天气图

地面图是天气分析和预报业务中最基本的天气图。图上除了填有地面的气温、露点、风向、风速、水平能见度和海平面气压等观测记录外,还填写有一部分高空气象要素的观测记录,如云和现在天气现象等。此外,还填有一些反映最近时间内气象要素变化趋势的记录,如 3h 变压、最近 6h 内出现过的天气现象等。地面图的作用在于分析地面天气系统的分布和历史演变,进而推断未来的天气变化。

1. 填图格式

地面图上的各种资料是按照国际规定的格式填写的。地面图上的填图格式有两类:一类是陆地测站的填图格式;另一类是船舶测站的填图格式。

1)陆地测站填图格式

在不同的国家,陆地测站填图格式稍有不同。这里以我国为例加以介绍。我国的陆地测站填图格式如图 3.3 所示。图中:

○——表示空白底图上相应的测站,称为站圈。

N——总云量,用符号表示。各符号含义见表 3.1。

Nh——低云量,用数字表示,填图数字与实际云量的关系见表 3.2。

h——低云高,用数字表示,单位为 m。填图数字与低云高的关系见表 3.3。在有些国家,低云高以 100 英尺为单位,如美国。

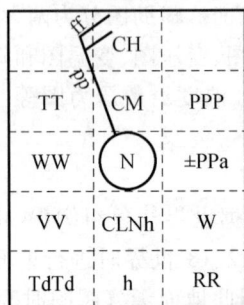

图 3.3 陆地测站填图格式

表 3.1 风速符号含义

符号	国际 (单位:kn)	我国 (单位:m/s)
◎	0	
—	1~2	1
⌐	5	2
⌐	10	4
▼	50	20

CH、CM、CL——高、中、低云状,用符号表示。各符号含义见表 3.1。

dd——风向,用矢杆表示。从站圈向外矢杆所指的方向为风的来向,即风向。

ff——风速,用矢羽表示。最基本的矢羽有 3 种(短画线、长画线和三角旗),其代表的风速大小见表 3.4,其余的矢羽是这 3 种矢羽的组合,它们代表的风速可近似由 3 种基本矢羽代表的风速累加而得。例如,⊸▼,国际上表示西风约 75kn(即 73kn~77kn),我国表示西风约 30m/s(即 29m/s~30m/s)。注意:背真风而立,在北半球,矢羽符号绘在风向杆的左方;在南半球绘在风向杆的右方。

TT、TdTd——气温和露点,用数字表示,单位为℃(有些国家以°F 为单位)。气温为零下时,前面加"-"号。

VV——能见度,用数字表示,单位为 km。在有些国家,将能见度(VV)放在现在天气现象符号(WW)前面,能见度单位用英里(mile)表示。

WW——现在天气现象,用符号表示。各符号含义见表 3.5。

W——过去天气现象,用符号表示。各符号含义见表 3.1。

PPP——海平面气压,用数字表示,单位为 hPa。海平面气压只填十位、个位和小数一位,省略了百位和千位。如图上填 132,则实际海平面气压为 1013.2hPa;如图上填 989,则实际海平面气压为 998.9hPa。

PP——3h 气压变量,即观测时与观测前 3h 气压的差值,简称 3h 变压,用数字表示,单位为 hPa。3h 变压填个位和小数一位,无小数点。如观测前 3h 内气压上升,则数字前加"+"号;反之,加"-"号。

34

a——3h 气压倾向,用符号表示。各符号含义见表 3.2。

RR——观测前 6h 内(包括观测时)的降水量,用数字表示,单位为 mm。

表 3.2 总云量、云状、过去天气现象和 3h 气压倾向的符号说明

电码	总云量	低云状	中云状	高云状	过去天气现象	3h 气压倾向
0	◯ 无云	没有低云	没有中云	没有高云		升后微降
1	◔ ≤1	淡积云	透光高积云	毛卷云		升后平
2	◔ 2~3	浓积云	蔽光高积云 或雨层云	密卷云		稳定上升
3	◑ 4	秃积雨云	透光高积云	伪卷云	沙暴或吹雪	微降后升
4	◑ 5	积云性层积云	荚状高积云	钩卷云	雾	不变
5	◕ 6	普通层积云	系统发展的 辐射状高积云	卷层云 (云层高度 <45°)	毛毛雨	后微升降
6	◕ 7~8	层云或碎层云	积云性高积云	卷层云 (云层高度 >45°)	雨	降后平
7	◕ 9~10-	碎雨云	复高积云或 蔽光高积云	卷层云 (云层布满全天)	雪	稳定下降
8	● 10	不同高度的 积云或层积云	堡状或絮 状高积云	卷层云(云量不增 加也没布满全天)	阵性降水	微升后降
9	⊗ 不明	鬃积雨云或 砧状积雨云	混乱天空的 高积云	卷积云	雷暴	

35

表 3.3 填图数字与实际低云量的关系

填图数字	不填	1	3	4	5	6	8	9	10	×
低云量	无云	≤1	2~3	4	5	6	7~8	9~10-	10	不明

表 3.4 填图数字与低云高的关系

填图数字	0	50	100	200	300	600	1000	1500	2000	不填
低云高/m	<50	50~100	100~200	200~300	300~600	600~1000	1000~1500	1500~2000	2000~2500	没有低于2500m的云

图 3.4(a)、(b)分别为我国和美国陆地测站填图实例。

如图 3.4(a)所示,该站上空总云量为 10 ,中云为蔽光高层云,低云为碎雨云,低云量 6 ,低云高为 300m~600m,东北风 ,5m/s~6m/s,现在天气现象为中雨,过去天气现象为雨,过去 6h 降水量为 4mm,能见度为6km,气温为 28℃,露点为 26℃,海平面气压为 1010.1 hPa,观测前 3h 内气压上升 1.0hPa,气压倾向为微降后升。

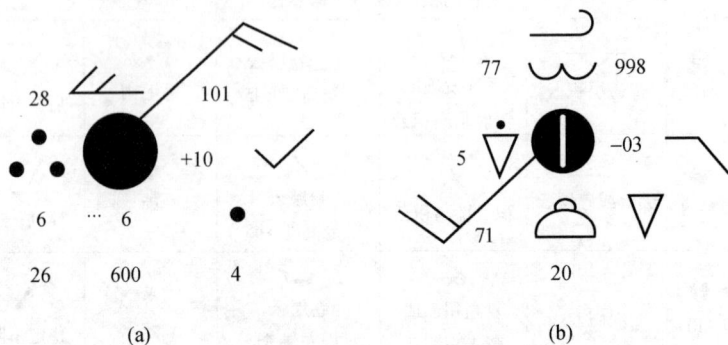

图 3.4 陆地测站填图实例

如图 3.4(b)所示,该站上空总云量为 9~10- ,高云为毛卷云,中云为透光高积云,低云为浓积云,低云高为 2000 ft(英尺),西南风,风速为18kn~22kn,现在天气现象为阵雨,过去天气现象为阵性降水,能见度为5mile(英里),气温为 77°F,露点为 71°F,海平面气压为 999.8 mb,观测前3h 内气压下降 0.3mb,气压倾向为先平后降。

36

表 3.5 现在天气现象符号

ww	0	1	2	3	4	5	6	7	8	9
00	云的发展情况不明	云在消散、变薄	天空状况无变化	云在增厚增厚	烟雾，吹烟	霾	浮尘	测站附近有扬沙	现在或过去1h内视区有尘卷	观测时视区内有沙（尘）暴或观测前1h内视区（尘）有沙（尘）暴
10	轻雾	片状或带状的浅雾	层状的浅雾	远电	视区内有降水，未到地面	视区内有降水，但距测站较远	视区内有降水，在测站附近	闻雷，但测站无降水	观测时或观测前1h内有飑	观测时或观测前1h内有龙卷
20	观测前1h内有毛毛雨	观测前1h内有雨	观测前1h内有雪	观测前1h内有雨夹雪	观测前1h内有毛毛雨或有雨凇	观测前1h内有阵雨	观测前1h内有阵性雨或雪夹雪	观测前1h内有冰雹或冰粒或霰（或伴有雨）	观测前1h内有雾	观测前1h内有雷暴（或伴有降水）

ww	0	1	2	3	4	5	6	7	8	9
30	轻或中度的沙(尘)暴,过去1h内减弱	轻或中度的沙(尘)暴,过去1h内无变化	轻或中度的沙(尘)暴,过去1h内增强	强的沙(尘)暴,过去1h内减弱	强的沙(尘)暴,过去1h内无变化	强的沙(尘)暴,过去1h内增强	轻或中度的低吹雪	强的低吹雪	轻或中度的高吹雪	强的高吹雪
40	近处有雾,但过去1h内测站没有雾	散片的雾(呈带状)	雾,过去1h内变薄,天空可辨	雾,过去1h内变薄,天空不可辨	雾,过去1h内无变化,天空可辨	雾,过去1h内无变化,天空不可辨	雾,过去1h内变浓,天空可辨	雾,过去1h内变浓,天空不可辨	雾,有雾凇,天空可辨	雾,有雾凇,天空不可辨
50	间歇性小毛毛雨	连续性小毛毛雨	间歇性中常毛毛雨	连续性中常毛毛雨	间歇性中毛毛雨	连续性浓毛毛雨	轻毛毛雨,并有雨凇	中常或浓毛毛雨,并有雨凇	轻毛毛雨,夹雨	中常或浓毛毛雨夹雨
60	间歇性小雨	连续性小雨	间歇性中雨	连续性中雨	间歇性大雨	连续性大雨	小雨,并有雨凇	中或大雨,并有雨凇	小雨夹雪或毛毛雨夹雪	中常或浓大雨夹雪或浓毛毛雨夹雪

ww	0	1	2	3	4	5	6	7	8	9
70	间歇性小雪	连续性小雪	间歇性中雪	连续性中雪	间歇性大雪	连续性大雪	冰针（或伴有雾）	米雪（或伴有雾）	孤立的星状雪晶（或伴有雾）	冰粒
80	小阵雨	中常或大的阵雨	强的阵雨	小的雨夹雪	中常或大的阵雨夹雪	小阵雪	中常或大的阵雪	少量的阵性冰霰或有雨，或有雨夹雪	中常或大量的真性或小冰霰，或有雨，或有雨夹雪	少量的冰霰，或有雨，或有雨夹雪
90	中常或大量的冰霰，或有雨，或有雨夹雪	观测前1h内有雷暴，观测时有雨	观测前1h内有雷暴，观测时有中或大雨	观测前1h内有雷暴，观测时有小雪，或雨夹雪，或冰霰，或小冰雹	观测前1h内有雷暴，观测时有中或大雪，雨夹雪，或冰雹	小或中常的雷暴，并有雨，或有雨夹雪	小或中常的雷暴，并有冰雹	大雷暴，并有雨或雪，或有雨夹雪	雷暴，伴有沙（尘）暴	大雷暴，伴有霰，或小冰雹

2）船舶测站填图格式

船舶测站填图格式如图3.5所示。

Ds——观测前3h内船的总航向，填图时用箭头表示。

Vs——观测前3h内的平均航速，填图时用电码数直接填在箭头的右边。

TwTw——海水表层温度，以℃或°F为单位。

PwPw、HwHw——风浪周期（用数字表示，以s为单位）和波高（用数字表示，以0.5m为单位）。

dw1dw1、Pw1Pw1、Hw1Hw1——分别为第一涌浪来向、周期和波高。涌浪来向一般以波浪形箭矢表示，也可用数字表示；涌浪周期和波高的表示同风浪。

dw2dw2、Pw2Pw2、Hw2Hw2——分别为第二涌浪来向、周期和波高。

其他各项目含义同陆地测站填写项目含义。

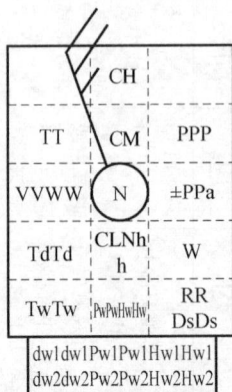

图3.5　船舶测站填图格式　　　　图3.6　美国浮标站填图实例

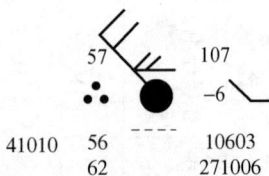

不同国家的填写格式有所不同，使用时应予以注意。图3.6所示为美国一浮标站填图格式实例，其含义如下：

57——气温57°F；⸫——连续性中雨；56——露点56°F；62——表层水温62°F；●——总云量10；╱╱——蔽光高层云；━━━——碎雨云；107——海平面气压为1010.7mb；-6——过去3h内气压下降0.6 mb；╲——3h气压倾向为先降后不变；➢——西北风，风速20节；10603——风浪周期6s，波高1.5m（"1"为风浪指示码）；271006——涌浪来向为

270°,周期为 10s,波高为 3m;41010——浮标识别(浮标识别由 5 位数字组成,且第一位总是 4;如果是船舶站,则其识别一般由 4 个或 5 个字符组成,如果是 5 个字符,则最后一位一般为数字)。

2. 地面图分析

地面天气图的分析项目通常包括海平面气压场、3h 变压场、天气现象和锋等。

1)海平面气压场的分析

海平面上的气压分布称为海平面气压场。海平面气压场分析就是在地面图上绘制等压线。绘制等压线后就能清楚地看出气压在海平面上的分布情况。

(1)海平面气压场的基本形式。根据等压线的形式所显示出来的气压场有 5 种基本形式,如图 3.7 所示。任何一张天气图都是由这 5 种基本形式构成的。

① 低气压(Low Pressure,Depression)。由闭合等压线构成的,中心气压比周围低的区域称为低气压或低压。其空间等压面向下凹陷,形如盆地。

② 低压槽(Trough)。由低压向外延伸出来的区域,或由一组未闭合的等压线向气压较高的一方凸出的部分称为低压槽,简称槽。低压槽中各条等压线曲率最大处的连线,称为槽线,但地面图上一般不分析槽线。低压槽的空间等压面形如山沟。

③ 高气压(High Pressure)。由闭合等压线构成的,中心气压比周围高的区域称为高气压或高压。其空间等压面向上凸起,形如山丘。

④ 高压脊(Ridge)。由高压向外延伸出来的区域,或由一组未闭合的等压线向气压较低的一方凸出的部分称为高压脊,简称脊。高压脊中各条等压线曲率最大处的连线,称为脊线,但天气图上一般不分析脊线。高压脊的空间等压面形如山脊。

⑤ 鞍型场(Col)。相对并相邻的两个高压和两个低压组成的中间区域称为鞍形区,简称鞍。鞍形区的空间等压面形如马鞍。

以上几种气压场的基本形式,统称为气压系统(Pressure System)。

(2)等压线分析原则。等压线是等值线的一种,必须遵守等值线分析的共同原则。图 3.8 是一张海平面上的等压线分布图,它是按照下述等值线分析的基本原则绘制的。

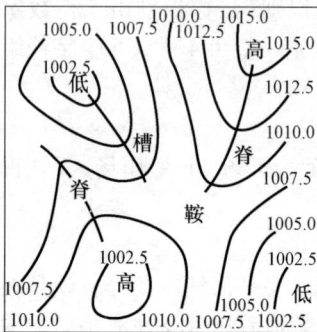

图 3.7　海平面气压场的基本形式

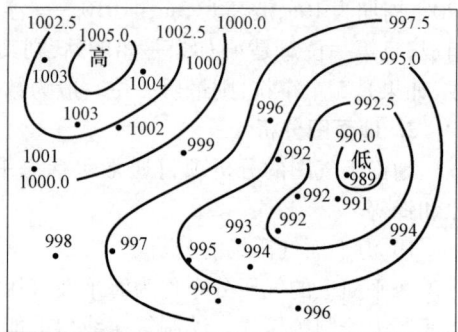

图 3.8　海平面等压线图

① 同一条等值线上,该要素值处处相等,即分析时必须使等值线通过数值相等的测站。

② 等值线一侧的数值必须高于另一侧的数值,即等值线应在一个高于等值线数值的测站和一个低于等值线数值的测站之间通过,而不能在都高于(或都低于)等值线数值的测站之间通过。

③ 等值线不能相交,不能分支,不能中断。

④ 在两个高值区或两个低值区之间,必须有两条相邻的等值线,其数值相等,并且这两条等值线的数值在两高值区之间是最低值,在两低值区之间是最高值。高值区和低值区相邻的等值线之间数值恒差一个间隔。

(3)绘制等压线的主要技术规定。绘制等压线时,除必须遵守以上 4 条原则外,还必须遵守以下技术规定:

① 等压线用黑色细实线绘制,在同一张地面图上,等压线之间的数值间隔必须相等。

在我国,每隔 2.5hPa 绘制一条等压线,其等压线的数值规定为:…1000,1002.5,1005.0…;有些国家(如日本、美国、英国等)多每隔 4hPa 绘制一条等压线,即按…996,1000,1004 …数值序列绘制。

② 等压线应画到图边;否则应当闭合。除没有记录的地区外,均应将各条等压线的末端排列整齐,终止在某一经线或纬线上。

在非闭合等压线两端应标注等压线数值。如果等压线闭合,则在等压线的正北端开一小缺口,在缺口中间标注 hPa 数值。一般标注千位、百位、十位、个位和第一位小数,不标单位,数字必须与当地的纬线

42

平行。

③ 在高压区中心用蓝色标注"高"或"G",在低压区中心用红色标注"低"或"D"。国外天气图上多用"H"标注高压中心,用"L"标注低压中心。

④ 高、低压中心强度用黑色铅笔标注在中心符号的下方。中心强度的确定一般是根据气压系统中心附近可靠的气压记录值,低压中心气压值的小数均舍去,如记录值为1011.5hPa,则标注1011;高压中心气压值的小数均进一位,如记录值为1023.4hPa,则标注1024。

（4）绘制等压线的注意事项。

① 要正确地使用风的记录。由风压定律可知:等压线和风向平行,在北半球,背风而立,高压在右,低压在左;在南半球,背风而立,高压在左,低压在右。但由于地面摩擦作用,风向与等压线有一定交角,即风从等压线的高压一侧吹向低压一侧。风向和等压线的交角,在海洋上一般为15°～20°,陆地平原地区一般为30°～45°。

② 等压线应分析得平滑一些,避免不规则的小弯曲或突然曲折;两条数值相等的等压线,尽量避免互相平行过长而相距又很近。

③ 等压线通过锋线时,应有明显的折角或气旋性曲率的突然增加,其折角指向高压一侧。

2）等3h变压线的分析

3h时变压场的分析即在地面图上绘制等3h变压线,如图3.9所示。绘制等3h变压线除必须遵循绘制等值线的基本原则外,还要遵守下列技术规定:

（1）用黑色铅笔分析细断线。通常每隔1hPa分析一条,在每条线的两端要注明该线的数值(hPa数)和正负号。

（2）正变压中心的最大变压值,用蓝色铅笔标注,负变压中心的最小变压值用红色铅笔标注。标注变压值,应精确到一位小数,并在数值前加正负号。

3）天气现象的分析

为了能一目了然地显示各种主要天气现象的分布,以便分析、研究它们与天气系统之间的内在联系,通常在彩色地面天气图上用各种颜色的铅笔勾画和标注主要天气区,降水和吹雪区用绿色标注,雾区用黄色标注,大风和沙尘暴区用棕色标注。在单色天气图上,对重大天气区一般用不同形式的线条勾画出来,同时标注相应的警报符号。

4)锋的分析

锋是冷、暖气团间的狭窄过渡区,锋两侧的气象要素往往具有明显的差异。锋面分析就是根据锋面附近各气象要素的分布特征,在地面图上确定锋的位置、性质。各种锋用不同的符号或颜色表示,如表3.6所列。

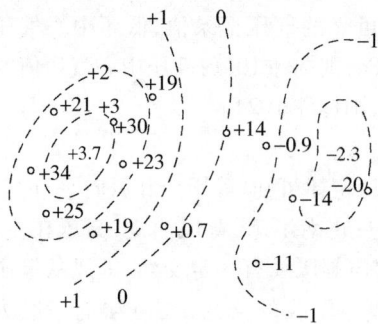

表 3.6   锋的符号

锋的种类	彩色图上的符号	单色图上的符号
暖锋	———— 红色	
冷锋	———— 蓝色	
静止锋	———— 红色 蓝色	
锢囚锋	———— 紫色	

图 3.9   等 3h 变压线的分析

3.1.4   高空天气图

为了全面认识和掌握天气的变化规律,除了分析地面天气图外,还要分析高空天气图。目前在实际工作中普遍采用的高空天气图是填写同一等压面上气象记录的等压面图。

1. 等压面图的概念

空间气压相等的点所组成的曲面,称为等压面。由于同一高度上各地的气压不可能都相等,因此等压面不是一个水平面,而是一个像地形一样起伏不平的面。用来表示空间等压面起伏形势的图称为等压面形势图,简称等压面图。

等压面的起伏形势可采用绘制等高线的方法表示出来。具体地说,将各地上空某一等压面所在的高度值填在图上,然后连接高度相等的各点绘制出等高线,从等高线的分布即可看出等压面的起伏形势。

如图 3.10 所示,P 为等压面,H_1,H_2,$\cdots$,H_5 为厚度间隔相等的若干水平面,它们分别和等压面相截(截线以虚线表示),因每条截线都在等压面 P 上,故所有截线上各点的气压均等于 P,将这些截线投影到水平面上,便得出 P 等压面上距海平面分别为 H_1,H_2,$\cdots$,H_5 的许多等高线,其分布情况如图 3.10 的下半部分所示。

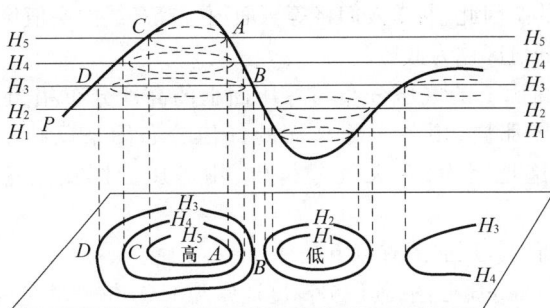

图 3.10　等压面形势与等压面图

从图 3.10 中可以看出,和等压面凸起部位相对应的是一组闭合等高线构成的高值区,和等压面下凹部位相对应的是一组闭合等高线构成的低值区,等压面坡度陡的地方,相应等高线较密集。

分析等压面图的目的是要了解空间气压场的分布。实际上,等压面的起伏不平就反映了等压面附近的水平面(等高面)上气压场的分布。例如,在图 3.11 中,P 为某一等压面的垂直剖面,H 为 P 等压面附近的等高面,A、B、C 各点在 P 等压面上,A'、C' 为 A、C 两点在等高面 H 上的投影点。由于气压随高度是减少的,因此 $PA' > PA$,$PC' < PC$,又由于 $PA = PB = PC$,因此 $PA' > PB > PC'$(PA、PB、PC、PA'、PC' 分别为各点的气压值)。由此可知,同高度上气压比四周高的地方,等压面的高度也较四周高,表现为向上凸起;同高度上气压比四周低的地方,等压面的高度也较四周低,表现为向下凹陷。因此,通过等压面图上等高线的分布,就可以知道等压面附近空间气压场的分布情况。等压面上等高线的高值中心对应附近等高面上等压线的高气压中心,低值中心对应附近等高面上等压线的低气

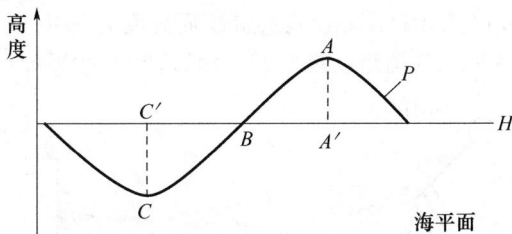

图 3.11　等压面的起伏与等高面上气压分布的关系

45

压中心,并且等压面上等高线的走向与附近等高面上等压线的走向也基本上是一致的。因此,通常人们将等压面图上等高线的高值区称为高压,将等高线的低值区称为低压。

既然等高面上的气压分布与等压面上的高度分布相当,那么为什么不像地面图那样,用各个等高面的气压分布图来反映空间气压场的情况呢?这是因为,在天气分析中,用等压面图比用等高面图更优越。

日常分析的等压面图有以下几种:

① 850 hPa 等压面图,其位势高度通常为 1500 位势米左右。

② 700 hPa 等压面图,其位势高度通常为 3000 位势米左右。

③ 500 hPa 等压面图,其位势高度通常为 5500 位势米左右。

④ 300 hPa 等压面图,其位势高度通常为 9000 位势米左右。

⑤ 200 hPa 等压面图,其位势高度通常为 12000 位势米左右。

⑥ 100 hPa 等压面图,其位势高度通常为 16000 位势米左右。

2. 等压面图的填图格式

等压面图的填图格式如图 3.12 所示。图中各符号含义如下:

TT——等压面上的气温,以℃为单位。

DD——等压面上的气温与露点之差,以℃为单位。DD≥0。

dd,ff——风向、风速,其含义同地面天气图。

HHH——等压面的高度。这个高度不是几何高度,而是位势高度,其单位为位势米。位势高度(H)与几何高度(Z)之间的关系为

$$H(位势米) = \frac{g}{9.8}Z(几何米)$$

式中:g 为重力加速度。

例如,图 3.13 表示该测站测得的等压面高度为 5640 位势米,该等压面上的气温为 -5℃,气温露点差为 7℃,南风,风速为 26m/s。

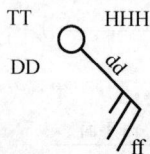

图 3.12　等压面填图格式　　　　图 3.13　等压面填图实例

3. 等压面图的分析项目

1）等高线分析

（1）等高线用黑色铅笔以平滑实线绘制。按我国规定，各等压面图上的等高线均每隔 40 位势米分析一条，在每条线上均须标明位势米的千、百、十位数，并规定：

① 在 850hPa 图上分析数值为…144,148,152…的等高线。

② 在 700hPa 图上分析数值为…296,300,304…的等高线。

③ 在 500hPa 图上分析数值为…496,500,504…的等高线。

（2）各等压面上等高线的高值区（高压区）中心用蓝色标注"G"字，低值区（低压区）中心用红色标注"D"字。日本、美国、英国等国家分析的等压面图，等高线间隔采用每隔 60 位势米分析一条，高、低值中心分别用"H"和"L"标注。

（3）等压面上风与等高线具有下列关系：

① 等高线的走向与风向平行。在北半球，背风而立，高值区在右，低值区在左；在南半球，背风而立，高值区在左，低值区在右。

② 等高线的疏密（即等压面的坡度）和风速的大小成正比，即等高线密集处风速大；反之，则风速小。

2）等温线的分析

（1）在有色天气图上等温线用红色铅笔以实线绘制，在单色天气图上以黑色细断线绘制。我国以 0℃ 为基准，每隔 4℃ 分析一条等温线，如 -4℃、0℃、4℃、8℃ 等，等温线两端需标注温度数值。温度场的暖中心用红色标注"N"，冷中心用蓝色标注"L"。

（2）国外高空图上的等温线间隔有采用 6℃ 或 3℃ 的，暖中心标注"W"，冷中心标注"C"。

（3）绘制等温线时，除主要依据等压面图上的温度记录外，还应参考等高线的形势来分析。一般 700hPa 或 500hPa 以上的等压面，高温区往往是等压面高度较高的区域；反之，低温区往往是等压面高度较低的区域。因此，在高压脊附近往往有温度场的暖脊存在，而在低压槽附近往往有温度场的冷槽存在，图 3.14 所示为较常见的温压场的配置情况。

3）槽线和切变线的分析

槽线是低压槽内等高线曲率最大处的连线，它是气压场上的特征线，

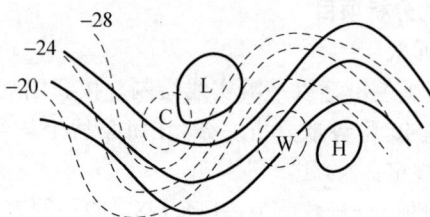

图 3.14 常见的温压场配置

实线—等高线;虚线—等温线。

如图 3.15(a)所示。切变线是风的不连续线,切变线两侧风向或风速有较强的气旋性切变,它是风场上的特征线,如图 3.15(b)所示。两者的共同点是风向均有较强的气旋性切变。习惯上,在风向气旋性切变特别明显的两个高压之间的狭长低压带内和非常尖锐而狭长的槽内分析切变线,而在气压梯度比较明显的低压槽中分析槽线。

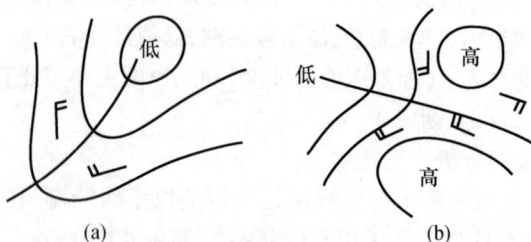

(a)   (b)

图 3.15 槽线和切变线

细实线—等高线;粗实线—槽线。

在有色天气图上,槽线和切变线均用棕色铅笔以实线绘制,在单色天气图上,槽线和切变线用黑色粗实线绘制。

4)温度平流的分析

冷暖空气的水平运动引起的某些地区增暖和变冷的现象,称为温度的平流变化,简称温度平流。掌握判断温度平流的方法,不仅可以用来直接判断温度的变化,而且还可以进一步根据温度的变化来推断气压场的变化。由于等压面图上的等高线的分布决定了空气的流向和流速,因此,根据等高线和等温线的配置情况就能够判断温度平流的性质和强度。

(1)温度平流性质的判断。如图 3.16(a)所示,等高线与等温线相交,气流由气温低值区(冷区)吹向气温高值区(暖区)。显然,在此情况

48

下,空气所经之处气温将下降,即有冷平流。图3.16(b)所示的情况恰好相反,气流由气温高值区(暖区)吹向气温低值区(冷区),因而有暖平流。在图3.16(c)中,左边为冷平流,右边为暖平流,冷、暖平流之间可画出一条界线(双虚线表示),此线附近等高线与等温线平行,既无冷平流,又无暖平流,即温度平流为零,因此此线称为平流零线。

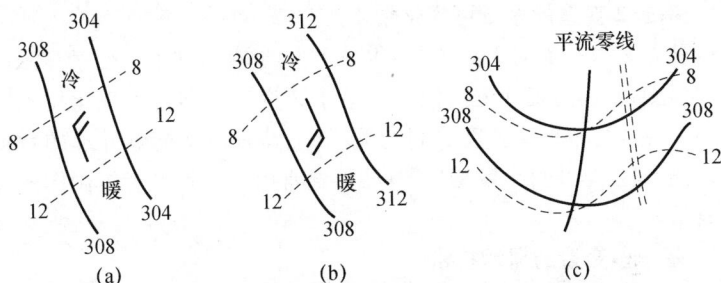

图 3.16 高空图上的冷、暖平流情况

(2)温度平流强度的判断。温度平流强度是指单位时间内,由于温度平流而引起的温度变化的数量大小。可以从下述 3 个方面进行定性判断:

① 等高线的疏密程度。如其他条件相同,等高线越密集,即风速越大,则平流强度也越大。

② 等温线的疏密程度。如其他条件相同,等温线越密集,说明温度梯度越大,则平流强度也越大。

③ 等高线与等温线交角的大小。如其他条件相同,等高线与等温线的交角越接近 90°,则平流强度也越大。

3.2 气象数据多维图形图像显示技术

多维性是空间现象的本质特征,同时也是虚拟 GIS 管理空间信息的一个基本特点。空间多维信息的可视化为解释空间现象的本质提供了新的手段,它对复杂空间现象的理解起着越来越重要的作用。由于时间维和其他专题维的引入。使地球空间多维信息的表达方法体系得到了极大的提升,许多在传统可视化中不可想象的方法由于计算机图形学的发展变得可能。

3.2.1　多维信息图形图像显示技术的分类

由于多维信息的复杂性,很难用简单的标准对现有多维信息可视化技术进行分类。本书根据可视化技术的目的、类型及数据的维数,将多维信息可视化技术分为以下 3 类。

1. 基于 2 变量的多维可视化技术

这种方法由基本的 2 变量显示以及可同步观察这个 2 变量显示的视图组成,它通常作为统计方法使用。基于 2 变量的多维可视化技术充分考虑到了视觉与数据拟合度之间的关系,但这种方法能够处理的数据量较少,一般只能是几百个数据项,其图形通常由二维点或者线画图的变化关系表示。

2. 基于多变量的显示技术

该技术是近来空间多维信息可视化技术的基础,它绝大部分都是采用通过高速图形计算生成的彩色图形来表示的。这种方法处理的数据量一般都比较大,且可以处理复杂数据类型的多维信息。

3. 动画技术

动画技术是一种功能强大的多维信息可视化技术,这种方法采用不同的电影动画技术以及标量可视化模型来表示多维信息。从理论上说,如果数据能够表示成显示双向关系的时间序列,则任何一帧单一画面都能够扩展为动画。

空间信息多维可视化是指在三维的基础上再加上时间维或者其他专题(属性)维后的可视化技术。由于人眼只能感受三维空间的信息,因此,通常人们采用特殊的方法将多维的信息通过降维转换到三维或者二维空间来实现多维信息的可视化。下面根据多维可视化技术的分类分别介绍国内外的研究状况。

3.2.2　基于 2 变量的多维信息图形图像显示技术

基于 2 变量的多维可视化技术绝大部分是二维的,主要表示两个变量之间的关系,一般很少用彩色表示,目前采用基于 2 变量多维可视化技术的方法主要有以下 3 种。

1. 参考网格法

这种方法通常在统计学中使用,统计学中最常用的显示单元是一个二维的离散图,如图 3.17(a)所示,变量分布在一个二维的平面上。在图 3.17 (b)中,所画的简单网格线主要用于增强对图案的理解,而不是为了提高绘图的精度。一般来说,网格的间距是相等的,这样可以为用户提供对变量空间位置的参考。可以利用参考网格法很容易地实现离散图的扫瞄和匹配。

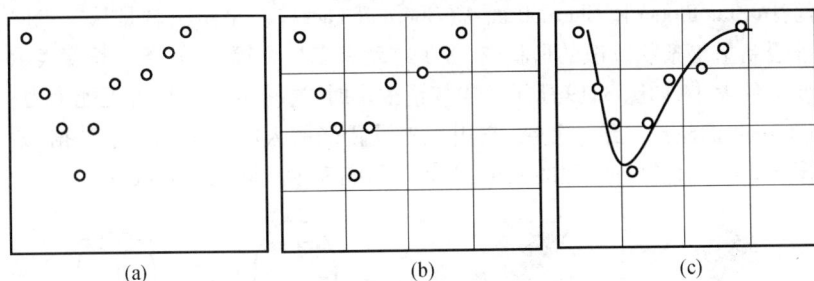

(a)   (b)   (c)

图 3.17   基于 2 变量的多维信息可视化
(a) 二维离散分布;(b) 具有参考网格的离散分布;(c) 离散点的拟合曲线。

2. 拟合曲线法

在统计学中拟合意味着要找到一个数据集的描述。通常来说,如果一个数据集适合一个一般分布,那么整个数据集能够被描述成为两个成员,即平均值和它的标准偏差。在统计学中,拟合意味着要找到一条光滑的曲线,而这条曲线能够描述离散数据潜在的模型。在图 3.17(c) 中,根据离散数据绘制了一条拟合线,通过这条线,可以发现一个离散图本身不能表现的模型,从而对离散信息的分布规律进行更加深入的研究。

3. 条带法

线段的方向感可以通过调整图的长宽比来提高。图的长宽比被定义为按特定宽度分割的数据矩形的高度。从视觉原理上讲,一条 45° 或 −45°方向的线段是传达曲线线性特征的最好方法,人们把这种用 45° 或 −45° 方向的线段表示曲线的方法叫做 45° 条带法。在图 3.18 中,相同的曲线被划分为 3 个不同长宽比的图形,可以看到,只有左上图能把左边的曲线和右边的直线清晰地显示出来。

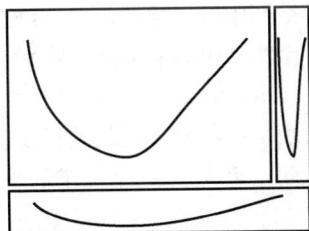

图 3.18   用 45° 条带法显示线状信息

3.2.3 基于多变量的多维信息图形图像显示技术

早先，人们主要通过字形法绘制多维信息，即用小的图标来表示所要表达的数据，根据表达数据的不同，改变图标的形状。常用的字形法有星绘法(Star Plots)和 Chernoff 面法(Chernoff Faces)。星绘法就是从一点向外绘制呈辐条状发散的形状，有多少维就有多少个辐条，辐条的长度表示变量的大小，如图 3.19 所示。当变量很多时，这种方法将显得无能为力；Chernoff 面法比星绘法复杂，它用预先设置好的人脸表示每一个数据，如图 3.20 所示，每一张脸的大小、形状及间隔表示不同变量的数量。

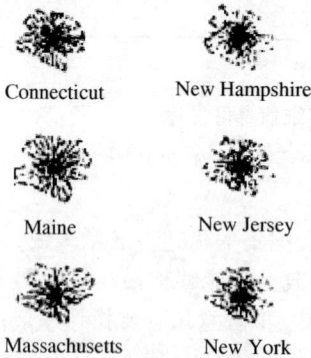

图 3.19 星绘法绘制多维信息　　图 3.20 Chernoff 面法绘制多维信息

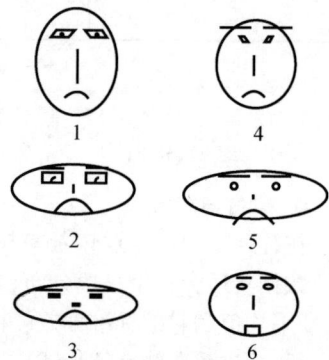

另一种常用的方法叫做投影法，即把多维信息投影到更小的子空间去进行绘制。比较著名的投影法有 Andrews 曲线法，它是由 Andrews 于1972 年提出的。这种方法将每一个多维数据通过一个周期函数映射到二维空间中的一条曲线上，这种方法能够表示的信息维数较多。图 3.21 是一个用 Andrews 曲线法显示多维信息的示意图。

Inselberg、Wegman 等提出了一种基于平行坐标系的多维信息可视化方法。平行坐标系就是将多维空间的轴定义为互相平行的垂直线，线段之间距离为 d(一个二维的平行坐标系如图 3.22 所示)。笛卡儿坐标系的一个点与平行坐标系中的一条复合线相对应。将一个点从笛卡儿坐标系转换到平行坐标系实际上是一个高度结构化的数学转换，因此实现过程简单、容易。该方法绘制多维点$(x_1, x_2, \cdots, x_n)$时，将依次绘制在轴 $l-n$上，这样就为每一个多维点建立了一条复合线。平行坐标法能够表示具有高度几何特征的信息,如多维的线、面及包络面等。同时,由于平行坐标系的使用,能够很好地检测在多维空间中物体的碰撞情况,如两个在三维空间中飞行的物体(具有 x、y、z、t 四维信息),则很难在笛卡儿坐标系下判断这两个物体是否会碰撞,但是运用平行坐标系来表示,在图 3.22 上,只需观察点 x、y、z、t 是否相同,即可判断是否碰撞。此外,平行坐标系法还经常用于判断多维信息的相关性。一般的三维绘制需要通过旋转才能知道深度信息,但却很难了解数据是如何扩散和聚集的,针对普通三维绘制的缺点,Nicholson 等人提出了立体射线字形法(Stereo-Ray Glyphs)进行多维信息的绘制。

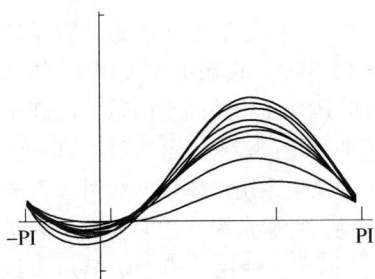

图 3.21　Andrews 曲线法显示
多维信息示意图

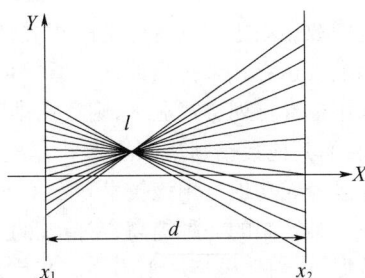

图 3.22　一个二维的平行坐标系
示意图

这种方法在传统的二维或者三维绘制上增加了一维,即在数据点上增加了一条射线,射线的角度反映了变化的大小,射线的长度从左到右逐渐增加,为了看到深度信息,可以在绘制的同时,在数据点两旁并排地放置两条射线。当变量过多时,这种方法显示的信息将出现互相遮挡的情况,影响显示效果。Feiner 等人提出了一种嵌套多相坐标系统(Nested Bet-erogeneous Coordinate Systems)用于显示和操作多维数据,在国外,人们也把这种方法称为"Worlds within Worlds"。这种方法的主要思想是保证多维信息中的一个或多个独立的变量为常量,每个常量与从多维信息中获取的无限薄且和常变量垂直的切片相对应,从而降低多维信息的维数,如图 3.23 所示。

这种方法通过距离函数和权重因子相结合来显示多维信息之间的相关性,它使用不同颜色的像素表示数据库中的数据。用户只要指定特定的查询请求就可以看到可视化的结果集。由于用户查询确定的焦点所对

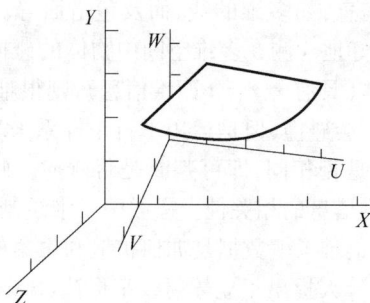

图 3.23　用嵌套多相坐标系统表示多维信息

应的数据项之间具有一定的相关性,因此可以根据这些数据相关因子的函数表达方式来排列数据。通常可以采用多种方式显示相关因子,如果采用标准排列方式显示,则数据排序后,把具有高相关因子的数据放在中间,而其他数据则呈四边形状盘旋在周围,如图 3.24 所示。目前,Daniel等已经成功地运用该技术开发了 VisDB 可视化系统。体模型法可以看成是三维绘制的一种提高,在传统的三维绘制中,通常用不透明的点来表示数据点,而体模型法则用亮度来表示该数据点。使用体模型法显示多维信息可以很容易地分析数据点之间的非线性关系,并且不受透视模型的影响。用户能够通过水平剖分或者垂直剖分观察特定区域点集之间的关系。图 3.25 所示为采用体模型法绘制的多维信息。

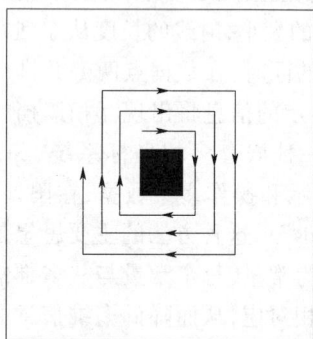

图 3.24　用标准排列显示多维信息

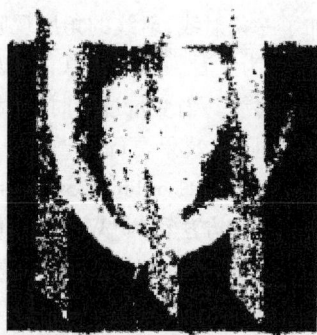

图 3.25　使用体模型法显示多维信息

　　Borg 提出了一种多维排列(Multi-Dimensional Scaling,MDS)法,该方法实质上是一种加入了矩阵转换的统计模式,它将多维信息矩阵转换到

54

低维空间中,并保持原始信息之间的相互关系。Dimitris 在多维排列方法中进一步引入神经网络技术,将该方法用于化学中的分子显示上取得了良好的效果。

Eser 提出了基于星状坐标系统的多维信息显示方法,该方法将星状坐标系的坐标轴投影到一个二维的平面上,每个轴都共享原始点。每个点表示一个多维数据元素,数据的属性通过线性编码放到了它的位置中。Eddy 采用云方法(Cloud Visualization)来表示多维信息,该方法能够使设计者在设计空间和执行空间同时看到以前产生的设计信息。设计空间由问题的设计变量确定,而执行空间则由其执行目标确定,在不同窗口中的所有空间都能够进行关联。设计信息可以表示为设计点的云,能够在三维或者二维坐标系中绘制。

近来,Gorban 等人提出采用弹性网络图(Elastic Net Maps)来表示多维信息,其基本思想是通过学习和自组织,把多维信息转换成低维空间的信息,并给出了在基因学、社会学及经济学方面的应用。弹性网方法主要用放置在多维空间中的节点有序系统来近似表示数据点云,该方法可以简单表述如下:

(1)构造弹性网络图 U。

(2)将图 U 的网络节点放置到多维空间中,将数据点集合分割成分类单元。

(3)分割以后,求出图 U 的最小能量,并求出节点的新位置。

(4)反复分割,使图 U 的能量趋于最小。

(5)将数据点投影到能量最小的弹性网络图上。

由于图 U 的能量是一个非递减的值,并且数据点集合向分类单元分割的数目也是有限的,因此这个算法趋于弹性网节点的最后定位。此外,从理论上说,该算法的重复步骤也是有限的,但是实际上这个数却非常大,因此可以设置一个阈值£ ,当图 U 的变化小于£ 时就可以退出最小化过程而直接进行数据的映射,用弹性网近似表达数据点构造的弹性图在多维空间中有多种形式,通常使用分段线性映射法来表示多维信息。

3.2.4 基于动画的多维信息图形图像显示技术

随着计算机技术的不断发展,传统的动画技术不仅可以用于简单的结果显示。而且还能够根据已知数据进一步发现数据中隐藏的或者不可预测的重要信息。目前,研究人员已经将动画技术引入到多维信息可视化领域,并取得了卓有成效的成果。虽然本书上面所述的各种方法均可用于显示具有时间信息的动态数据序列,但是与动画技术相比,这些方法显然具有明显的局限性。下面将分别介绍两种经典的基于动画的多维信息可视化技术。

1. 漫游法

漫游法是 Asimov 等人于 1985 年发明的可以在二维空间平面上投影多维数据的漫游技术,其基本思想主要是基于在高维数据空间中移动投影平面的这样一个简单构思,即设计一个时间参数,该参数类似于 P 维空间中的两个平面,也就是说,假设有 $P+1$ 个变量的数据,取出其中的一个变量作为动画的时间参数,并且根据时间参数的变化,在二维空间的平面上迅速连续地投影其余的 P 个变量。这种技术在离散图的平滑中编码数据,同时提供变量的方位值。

2. 梯度可视化动画模型

梯度可视化动画模型是 Bragatto 等设计的一个可以激活多维变量数据梯度场的动画模型,其支撑数据是多维体数据。以定义在一个统一网格上的三维多变量数据为例,在给定的三维空间中,只要在一段时间内均匀地测量内压,就可以得到基于时间的梯度数据。有 3 种动画模型可供选择,它们分别是:根据时间变量激活一个三维序列;不含时间的简单静态实体;在 3 个空间维之一被减弱的情况下的一系列二维平面。数据可以按空间选择也可以按时间选择。在显示数据时,可以将多维数据映射为假彩色的阴影区,也可以将其映射成三维等值面块,甚至可以将数据映射为独立的,并标有色彩和纹理的网格区块。通常,一个动画是由一个或多个场景组成的。而一个场景则由成员(包括来自数据、光和照相机一类的实体)和动作(群体的事件或动作)两部分组成,还有一个系统时钟用来控制动画的速率。这种动画模型的特点是可以被一个线性列表型语言描述的。

随着信息科学与技术的发展,大量的信息来源为人们提供了海量的多维信息。对于空间信息来说,空间技术的进步和各种应用的深入,多分辨率、多时态空间信息大量涌现,与之紧密相关的非空间数据也日益丰富,从而对海量空间信息的综合应用提出了新的挑战。空间多维信息的可视化对于空间信息的数据挖掘、虚拟空间的建立乃至数字地球的建立都有非常重要的现实意义。本书详细分析了目前空间多维信息可视化算法的研究状况。总的来说,国外在多维信息可视化算法研究方面比较活跃,新的研究成果不断出现,其产品化的软件也越来越多。而国内对于多维信息的可视化研究,尤其是算法研究,仍处于起步阶段。

3.3 气象图形图像显示的实现

3.3.1 等值线算法

等值线生成常用的算法是三角剖分法:根据给定点生成三角形网格,假设标量场在三角形的内部及边上满足线性分布关系;根据标量场的最大值和最小值以及等值线的条数(可以设置一个默认值,比如30,用户也可以改变该值),均匀划分出一系列的等值线的给定值;对每一个给定值,对所有三角形单元搜索一遍,如果这个给定值位于某三角形单元的3个顶点处的标量值的最大值和最小值之间,则必定在三角形的边上存在着两个点,这两个点的标量值等于给定值;把这两个点连接起来就得到等值线的一部分(图3.26);将所有三角形单元按上述方法搜索一遍,就画出了等值线。

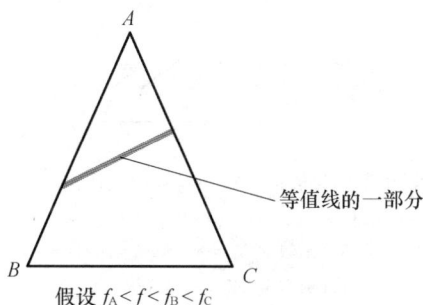

图 3.26 等值线算法示意图

上述算法画出的等值线不够光滑,可采用适当的光滑算法,比如样条插值法,就可以得到光滑的等值线。

3.3.2 流线图算法

流线图算法根据给定点生成三角形网格,假设矢量场在三角形的内部及边上满足线性分布关系。用户可选择流线的起始点,可以逐点选择,也可以选择一条线段,再对线段等分得到起始点。起始点可能不在给定点中,这时要搜索起始点位于哪个单元。通过插值可得到起始点处的矢量。选择合适的时间步长,具体数值可以使得在该时间步长内沿矢量场方向走过的距离约等于当地网格的尺寸。运动到下一位置后,再搜索该点位于哪个单元,插值可得到该点处的矢量,如此循环,直到点运动到边界以外或达到最大的步数(可以设成一个较大的数值,如1000)。

　　将区域分为若干子矩形区域(如 50×50),先扫描所有单元,将单元按区域归类。对于给定点,先根据区域的坐标范围判断该点位于哪个区域。然后扫描该区域所有单元,判断该点位于哪个单元。判断一个点是否在一个三角形内部的方法(图 3.27):将该点与三角形的每条边分别相连,得到 3 个三角形,计算这 3 个三角形的面积,如果面积之和等于原三角形的面积,则该点在三角形内。这 3 个三角形的面积和原三角形之比就是该点的插值函数。

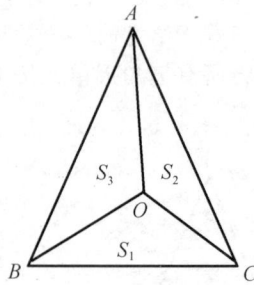

设三角形 ABC 的面积为 S,三角形 OBC、OAC、OAB 的面积为 S_1、S_2、S_3。

如果 $S_1 + S_2 + S_3 = S$,则 O 点在三角形 ABC 内。

并且 3 个顶点在 O 点的插值函数为 $N_A = S_1/S, N_B = S_2/S, N_C = S_3/S$

假设在 A、B、C 3 点的矢量分别为 V_A、V_B、V_C,则在 O 点的矢量 $V_O = N_A V_A + N_B V_B + N_C V_C$

图 3.27　判断点是否在三角形内部的算法示意图

第4章　气象数据处理与管理

4.1　气象数据处理

4.1.1　海量数据与大数据技术

当前,越来越多的业务部门都需要操作海量数据。例如,气象部门的气象数据,水利部门的水文、水利数据,规划部门的规划数据,这些部门处理的数据量通常都非常大。它包括各种空间数据、报表统计数据、文字、声音、图像、超文本等各种环境和文化数据信息,从大规模的、没有关系的数据中获得所需要的信息,称之为海量数据分析处理。

大数据技术是很多种技术的某种集合,主要由4种技术构成,即分析技术、存储数据库、NoSQL数据库与分布式计算技术。分析技术意味着对海量数据进行分析以实时得出答案;存储数据库(In-Memory Databases)让信息快速流通;NoSQL数据库是一种建立在云平台的新型数据处理模式;分布式计算技术结合了NoSQL与实时分析技术。

大数据分析经常会用到存储数据库来快速处理大量记录的数据流通。比方说,它可以对某个全国性的连锁店某天的销售记录进行分析,得出某些特征进而根据某种规则及时为消费者提供奖励回馈。

NoSQL在很多情况下又叫做云数据库。由于其处理数据的模式完全是分布于各种低成本服务器和存储磁盘,因此它可以帮助网页和各种交互性应用快速处理过程中的海量数据。正常的数据库需要将数据进行归类组织,类似于姓名和账号,这些数据需要进行结构化和标签化。但是NoSQL数据库则完全不关心这些,它能处理各种类型的文档。

同时处理实时分析与NoSQL数据功能就需要分布式计算技术。分布式计算技术结合了一系列技术,可以对海量数据进行实时分析。更重要的是,它所使用的硬件成本很低,因而让这种技术的普及变成可能。

大数据处理技术正在改变目前计算机的运行模式。它能处理几乎各种类型的海量数据,无论是微博、文章、电子邮件、文档、音频、视频,还是其他形态的数据;它工作的速度非常快,实际上几乎实时;它具有普及性,因为它所用的都是最普通低成本的硬件。

4.1.2 气象海量数据与处理

气象部门是国内少数积累了大量历史数据的部门之一。目前,我国已拥有相当数量的气象科学数据和相关信息。这些资料主要以两种形式保存:一种是原始观测结果以及数据来源和时间等,它们被保存在不同的介质中;另一种是这些原始资料的数字化形式,并记录了相关的项目和观测手段等,它们以文档的形式存放。同其他部门的数据资料相比,气象信息资料呈现出多源性、多态性和多样性的特点。

数据的多源性是由于数据观测手段的不同而产生的,如基层台站、浮标、观测船(包括走船、断面、剖面等)、遥感、卫星等观测手段。观测手段的不同引起了数据精度的不同和数据格式的不同,从而带来了数据结构的复杂性和灵活性。特别是关于观测手段、精度、测量单位等相关的描述信息在数据中占据了很大的比例。

数据的多态性是指气象信息以不同的数据形式表现。例如,图形、图像、声音、文本等,不同的数据形态导致了数据处理手段的复杂化,甚至涉及其他方面的领域知识。数据的多样性是指气象数据的种类繁多。各级气象台(站)日常收集的资料通常包括各种模式物理量场的空间格点资料、气象观测站点的地面(及海上)和高空实况资料,以及卫星、雷达的探测资料,还有根据任务需要而实施的其他特殊气象观测和探测资料。每种气象数据资料包含若干类数据,因此数据种类非常多。这些不同用途的众多数据内容带来了数据管理、维护及查询检索的困难,特别是准确地获取特定分析所需的相关资料是非常棘手的,需要耗费大量的人力和时间。

尽管气象部门拥有大量的、不同形式的、不同内容的气象数据,但有些数据尚未得到有效利用,主要表现在以下几个方面:

(1) 气象数据需要精心筛选。在一般基层气象台(站)天气预报中,传统的手段是预报员根据经验,利用当天及前几天的少数站点的实况资料及小范围的区域内少数的几个物理量,提取与某一天气现象相关性较高的气象要素作为因子,进行回归、判断分析,得出预报员个人意见,而手头作为历史资料保存的"海量"气象资料,并未在气象预报中发挥作用。另外,传统的数据分析手段根本无法应付这些"海量"的气象数据,预报员也无法综合理解并有效地将这些资料用于制作天气预报,由此导致数据产生、数据理解与数据应用之间存在很大的差距。这需要气象预报专家根据预报业务项目对气象数据资料进行严格的精心筛选。

(2)气象数据需要深加工。通过人工或仪器观测到的数据,不足以充分反映大气系统的物理结构和物理场。只有经过对数据进行更深层次的筛选及计算,才能计算出大气的运动矢量、垂直速度、梯度、涡度、散度等物理量,从而更好地认识大气演变的规律,提高气象预报的能力与水平。

(3)气象数据可挖掘性高。由于气象预报理论和气象预报模型在某种程度上还具有一定的不完善性与不完备性,预报员对于某些天气现象的产生机制以及影响因素认识不够充分,在天气预报实践中常常表现为预报准确率较低,一些气象预报业务无法高效率地展开。

4.2 气象数据管理

4.2.1 气象数据管理与共享问题研究

随着气象信息化建设的全面展开,已基本形成了集地基、空基、天基三维立体的综合气象观测体系。总部与台站级气象部门之间收集、存储、转发的数据也呈几何级数增长。这也给气象数据的管理和共享带来很多问题。主要体现在以下几个方面:

(1)气象数据具有多源性和复杂性,没有集成统一的数据收集、处理、转发、存储与共享系统,没有建立海量数据存储检索系统,难以对这些资料进行统一管理和共享服务。

(2)数据的质量控制技术比较落后,缺乏统一的方法、标准,资料的可靠性无法保证。

(3)数据管理流程不明晰,资料标准不统一,给维护人员、资料管理人员及业务单位增加了一定的工作量。

(4)许多业务单位与管理人员不知道有什么资料、资料从哪里获取、资料如何用等。

元数据正是解决这些数据管理和共享问题的有效途径。元数据是

"关于数据的数据",在空间信息中用于描述数据集的内容、质量、表示方式、空间参考、管理方式以及数据集的其他特征,它是实现空间信息共享的核心标准之一。

气象元数据是对气象信息资源的规范化描述,它是按照一定标准(即元数据标准),从气象信息资源中抽取出相应的特征,组成的一个特征元素集合。这种规范化描述必须准确和完备地说明信息资源的各项特征。元数据标准的制定是元数据应用的前提。在气象数据共享系统建设过程中,采用元数据进行统一管理,可以大大提高系统的可扩展性和利用效率。因此,元数据对气象数据共享工作具有非常重要的意义。

气象数据具有连续性、时间性、空间性、地域性以及种类和要素多样性等特点。气象数据从观测生成到收集、分发和管理,最后通过网络进行共享服务,这一业务流程中每一个环节都需要有相应的元数据。一般元数据都是描述性的,针对气象业务流程,气象元数据可以分为描述性元数据、管理型元数据和应用型元数据。气象观测数据的元数据是描述性元数据,主要包括数据的覆盖范围、数据的类型、精度等;数据管理中需要的是管理型元数据,主要针对数据库的元数据,既有说明数据库的元数据,又有关于数据库操作方面的元数据;数据服务过程中需要应用型元数据,用于获取数据的联系信息、申请信息以及对于数据和用户的共享级别等描述。这3类元数据没有明显的界线,侧重点不同。研究内容具体分为以下两个方面:

1)气象元数据的研究和建立

在充分分析气象数据的特点、共享工作的需求以及相关元数据标准的基础上,研究建立气象数据集元数据,包括气象数据集元数据的核心元素或编目信息,即一级元数据的最基本、最主要的实体和元素的性质、内容、标识、结构及有关细测,用于了解气象数据集总体。它可以被扩展到二级,即数据集的更详细信息,又可分为若干子集,分别说明数据集某一方面的信息。

2)元数据技术在气象数据共享中的应用研究

研究在气象数据共享系统建设过程中,如何采用元数据进行统一管理,提高系统的可扩展性和利用效率;研究在各类气象数据库建设中元数据的应用,元数据可以作为索引和控制信息存放于数据库中,建立相应元数据库,全面考虑各类数据的特征、相互关系等,实现信息统一管理共享

62

策略管理。在气象数据库建设中所有的元数据都采用数据库表的方式来存储管理,在数据库管理软件中需要设计、开发基于元数据的数据库实体的创建和维护功能。

气象数据作为大气科学数据的子集,在其格式、种类、应用环境等方面具备独特性。作为对气象信息资源的描述,气象元数据只有完整地包含其描述对象的各种特征信息,并且其内容和组织方式需要遵循一定的规范,用户才能借助元数据正确地了解其所描述的对象,进而促进信息资源或产品的共享或交换,或者通过元数据实现流程有效控制。气象元数据的完整性和规范性需要通过对元数据的有效管理加以保证,这要求气象元数据管理系统必须能够适应元数据的应用目的和特点,在具备一般信息管理的共同功能基础上,应着重解决以下几个方面的问题:

(1)充分支持气象元数据内容的标准。气象元数据管理必须对用户所采用的元数据内容标准给予有效地支持。根据需要元数据内容标准中有时需要定义描述元素之间的约束关系,如描述元素之间的互斥、互为前提甚至元素值之间相互限制。气象元数据管理必须能够正确地处理这些逻辑关系,严格按照标准规范对元数据进行各种处理,以便正确地规约元数据的采集和维护工作。此外,不同领域的元数据内容标准必然有所不同,同一领域的标准也会随着应用需求的改变而有所变化。元数据管理必须具备足够的标准适应能力,以便用户能够及时根据需求的变化进行必要的调整。

(2)高效的气象元数据网络检索。元数据管理必须提供元数据的网络查询检索功能。元数据的网络查询既不同于关系型数据检索,也不同于一般网络搜索引擎常用的全文检索。元数据是非结构化的,关系型数据的索引机制不能很好地适应元数据的不稳定结构。另外,元数据在信息组织上又存在数据域(描述元素)的划分,采用全文检索机制则不利于通过数据域的区分来减小查询命中范围。因此,气象元数据管理需要采用与元数据特点相适应的新的检索机制,以求提高元数据查询的整体效率。

(3)标准的网络搜索协议。不同气象部门之间在元数据共享方面的合作要求各部门的气象元数据管理之间必须能够互联,并实现元数据的网络交换。为实现这一目标,气象元数据管理的网络查询服务必须遵循一种通用的协议,实现对元数据的网络搜索的提取。目前,在网络信息搜索和提取方面最重要的协议是 Z39.50 协议,该协议由 ISO 建立,用于规范网络信息搜索和提取过程中的各种请求与响应,并对服务器和客户机的处理进行规范。

1. 气象元数据设计

气象元数据包括 3 层结构:元数据子集、元数据实体和元数据元素。元数据元素是元数据最基本的信息单元,元数据实体是同类元数据元素的集合,元数据子集是相互关联的元数据实体和元素的集合。

气象元数据的建立必须遵从一定的原则。要支持元数据在气象领域的应用,以提供数据的基本状况为目的;要提供一个实体与元素集,并定义元素的性质,包括必选、一定条件下必选及可选等。气象元数据的建立主要依据以下原则:

(1)气象数据的特点。由于气象观(探)测记录种类、气象要素的多样性,以及观测记录的连续性、时间性、空间性、地域性等特点,在描述数据集实体和属性时,应明确表述气象科学数据特点的相关内容和项目,如数据类型、气象要素名称、记录时间和观(探)测次数等信息。

(2)气象数据共享工作的需求。气象元数据标准的制定要特别考虑气象数据分布式共享系统建设的需要,如分布式数据管理、数据搜索、导航、用户认证、数据检索服务等。

(3)相关元数据标准。气象数据是地球科学数据的重要组成之一,其元数据的内容和格式,应以国内外相关的元数据标准为指导和参考依据,以便与国内外标准接轨。当前可参照的标准有 WMO 核心元数据标准草案、WMO 气候数据集目录款目格式、中国气象数据集元数据格式标准(草案)等。

针对气象数据管理和共享中存在的问题,需要建立气象观测元数据、数据收集转发的元数据、数据管理的元数据、共享服务元数据,目的就是最大程度地实现气象数据的管理和共享。气象元数据的建设应该包括气象观测、收集与转发、数据管理和共享服务等元数据及其标准,气象元数据管理系统以及一些相关的产品目录,如图 4.1 所示。

2. 气象元数据共享

气象元数据贯穿于气象数据共享系统的数据库建设的各个环节,元数据作为索引和控制信息存放于数据库中,建立相应的元数据库,全面考虑各类数据的特征、相互关系等,实现信息统一管理、共享策略管理。元

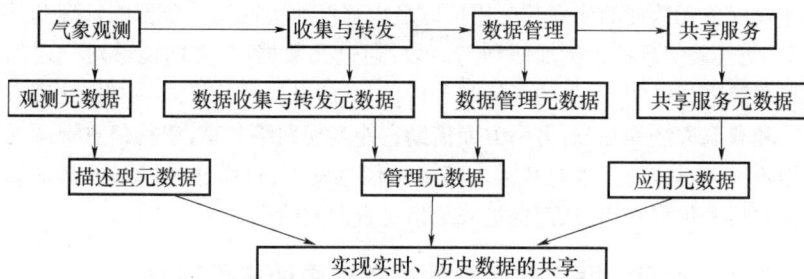

图 4.1　气象元数据结构

数据管理系统结构主要由元数据网关、元数据服务器和元数据库组成,如图 4.2 所示。元数据网关是支持元数据服务的中心枢纽。元数据服务器用于发布元数据。元数据库是元数据发布系统的核心内容,元数据的采集可以利用元数据编辑器以手工方式采集,也可以进行自动采集,但都要按照统一的元数据标准进行处理。

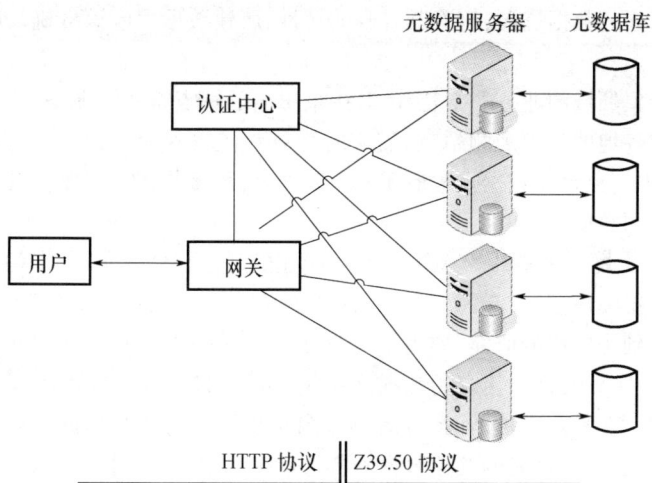

图 4.2　元数据管理系统组成

系统设计由一个主节点和若干个分节点组成。各分节点安装元数据节点服务器,用于提供该节点数据中心元数据信息的发布,并按照统一的元数据标准建设元数据库;主节点部署安装元数据服务系统网关软件,用于连接各节点元数据服务器,实现元数据和数据的全网发布。

气象元数据的建立与应用可以最大程度地实现气象数据的管理和共享,使气象信息检索更加便利与高效:通过元数据,一方面能够对气象信息资源进行详细、深入的了解与分析,包括信息资源的格式、质量、处理方法和获取方法等细节;另一方面借助它能实现网络共享,使得信息资源的用户可以迅速地发现与其需求匹配的信息资源,进而通过网络或其他途径取得并加以利用,从而促进气象信息资源的共享。

4.2.2 时间数据库在气象数据管理中的应用研究

气象业务信息量庞大,气象台每日需要更新百兆以上的数据,加上积累了几十年的气候历史资料,数据规模相当庞大,随着科学技术的发展,气象数据量的日增长速度还在成指数级提高;利用数据库技术对海量的气象要素数据进行管理和维护,已得到广泛使用。对大气环境的研究和预报保障,丰富准确的探测资料是其得以发展的基础,而数据库正是对这些探测资料进行管理与维护的重要工具。但气象要素作为一种复杂与变化性极强的数据资源,有着其自身的特性,所建数据库应该准确反映其数据特性。

气象领域的业务非常特殊,其中最突出的特点是实时业务居多,分布在全球各地的气象观测站点,需实时采集和传输观测到的大气数据。目前,国内气象台在数据采集后 30min 以内,就可接收到全球气象观测站发出的观测数据。

从以上讨论得知,气象要素具有明显的时态特性。所以,在构建气象要素数据库模型中,考虑引入时间数据库理论。时间数据库在 20 世纪 80 年代得到了广泛的研究,取得了大量成果。时间数据库有下列两个方面的特性:①动态性。传统的数据库系统对数据进行静态或准动态的数据库管理。在数据库更新时,过时的气象历史资料将从数据库中删除。在时间数据库中,过时的气象数据不再从数据库中删除,对历史数据也可以进行更新,使系统和气象实况一直保持着全方位的动态交换。②全面性。时间数据库是所有数据的集合体,可以提供任何时刻和时间段的气象数据。

1. 时间数据库的有关概念

与时间数据库有关的概念主要包括时间的表示结构(Time Structure)、微粒(Granularity)和记时单位(Chronon)、事件(Event)和状态

（State）、实际时间（Valid Time）和数据库时间（Database Time）、时间数据库结构等。

1）时间的表示结构

时间的表达主要有离散的（Discrete）、紧致的（Dense）和连续的（Continuous）3种结构。离散的时间表示和自然数相似，每一个时刻之后都有一个后继者。紧致的时间表示类似于有理数，在两个时刻中间都可插入一个时间点。连续的时间类似于实数。在这几种方式中，基本上均采用离散的时刻表示时间，如12：00：00（虽然时间本身是连续的），气象要素的观测与表示也是以离散时刻的方式进行的，所以应该采用离散的时间表示结构。

2）微粒和记时单位

数据库中最短的且不可分割的时间段称为记时单位（Chronon），类似于长度单位中的公里、米和厘米。在时间系统中，记时单位可为年、月、日、小时、分、秒和毫秒等。长度单位中从公里到米及厘米的转换为简单的单位换算，而记时单位的转换则比较复杂，特别是年、月、日之间的转换。微粒为时间在数据库中的实际表示，主要有单个（Single）和蜂窝（Nested）两种形式的数据表示。用一个整数表示的时间为单个微粒，用一组整数表示的时间为蜂窝时间。例如，1985年3月15日上午09：37：02AM，若记时单位为秒并从1980年1月1日起记时，其单个时间形式可表示为164281022，蜂窝时间形式表示为<6,3,15,9,37,2>。若起始时间为公元，则蜂窝时间形式表示为<1995,3,15,9,37,2>。目前气象要素的时间表示方法采用单个时间，所以在数据库中的微粒形式应该是单个的。

3）事件和状态

事件和状态是时间数据库中最重要的一对基本概念之一。一个对象在其生命周期（Life-span）里有不同的状态，事件是对象从一个状态变化到另一个状态的过程。一般来说，在数据库中事件采用时刻的方式表示，而状态则采用时间段表示。和空间数据库中的点和线的关系一样。

在数据库中，事件和状态的这种区分并不是绝对的。当一个事件用一个更小的计时单位表达时，事件变成一个状态。但一旦确定了计时单位的大小之后，一般不轻易更改计时单位和事件的定义。在气象中，事物的变化有时不能用这种简单的事件和状态来表达。当一个气象要素连

67

续变化时,如云块的连续变化,可以定义云块的每一次状态的变化均由事件引起。但在实际应用中这种定义并不一定适合,而将云的连续变化定义为一种连续变化的状态。

在时间数据库中,对象的状态和事件有两种形式的数据库结构,即基于状态的时间表达和基于事件的时间表达。基于事件的模型用时刻表示事件的发生或结束,基于状态的模型用一个时间片段(Time-slice)来表示状态的整个过程。这两种形式的表达各有相应的优、缺点。在基于事件的数据库模型中,表示事件的效率高而表示状态的效率较低,一般要采用两个数据库记录表示一个状态。但在基于状态的模型中,事件可以用时间片段为零的状态表示。存储容量则基于事件的模型要高于基于状态的模型。基于事件的模型不能处理连续变化的物体,除非每一个连续变化的过程均采用事件表示。基于状态的模型中,连续变化的状态可能采用一个或一组公式或其他形式来描述。对数据库更新来说,基于事件的模型的数据记录更改要比基于状态的模型的数据记录的更改稍为复杂,因为后者的更改涉及对上条记录的检查。数据的错误检查和完整性检查是基于状态模型所特有的优点。因为每一次更新均需对原来的状态进行检查,这样便保持了数据的完整性,并避免了数据库中事件相矛盾的情形。时间连接(Temporal Join)是时间数据库中的一种连接,它有几种形式,一般来说,基于事件的模型比基于状态的模型其连接效率更高,因为基于事件的模型本身用时间点存储,因此,对于时间点的映射比时间片段的映射效率要高。同样,建立时间点的索引也高。

鉴于上述两种模型的优、缺点,它们在实际中均有应用。事实上,一个系统到底采用何种模型和实际应用有很大关系;对于气象要素而言,其随时间呈一种渐进变化状态,故采用基于状态的数据库结构更适合反映对象特征变化趋势。

4)实际时间和数据库时间

时间数据库中另一对基本的概念是实际时间和数据库时间。实际时间(Valid Time)指的是事件在现实世界中实际发生的时间,有时又称为现实世界时间(Real-world Time)或真实时间(Real Time),而数据库时间(Database Time)是指在数据库中记录该事件的时间,又称系统时间(System Time)或事务处理时间(Transaction Time)。在数据库中,实际时间和数据库时间是任何一个对象均具有的时间属性。

时间从本质上讲是一维的。在研究中,常常把时间和空间进行对比分析。任何一个空间对象在空间上都用三维坐标系进行描述。而时间对空间对象来说只是一维的,即任何一个空间对象只有一维的实际存在时间或发生时间。但在数据库中,对象的存在或发生的时间是用数据库记录的,这些对象又有一个在数据库中记录的时间,即数据库时间。这两个时间对气象要素对象来说是相互独立的(图4.3),即数据库时间可以是在实际时间

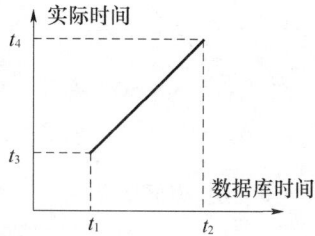

图 4.3　气象要素对象
时间的二维性

之前、相等或之后。因此可以说,对在数据库中的任意气象要素对象,其时间属性是二维的。

气象要素对象在时间上的这种二维性可以应用于某些种类的数据库。若在数据库中,主体对象的数据库时间都有大于实际时间的情形,则可称此数据库为历史数据库(Historical Database)。若实际时间都有和数据库时间相等(或非常接近)的情形,可称此数据库为实时数据库(Real-time Database)。若实际时间小于数据库时间,可称为预测数据库(Predicative Database)。气象要素对象的时间二维性还增加了关于时间拓扑关系的复杂性。

5)时间数据库结构

根据实际应用中气象要素对象的时间关系,时间数据库结构有线性(Linear)、分支(Branching)和周期(Cyclical)3种结构。在线性结构中(图4.4),时间从过去、现在到将来是线性递增的,这种结构是一种全序集(Totally Ordered Set)。分支模型有两种情况:一是时间从过去、现在是线性递增的,从现在到将来有许多可能(图4.5);二是时间从过去到现在有许多可能,而从现在到将来的变化是单调递增的(图4.6),它们都是偏序集。在线性和分支结构中,老对象和新对象不会重复,而在周期结构中,对象在一个周期内将返回为原来的状态(图4.7)。

图 4.4　线性时间模型

69

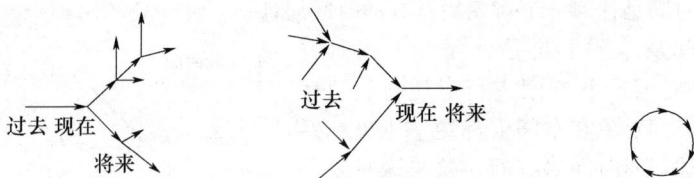

图 4.5 分支时间结构一　　图 4.6 分支时间结构二　　图 4.7 周期时间结构

3 种时间序列结构可针对不同的气象应用环境来使用,对于短期天气预报与研究,时间数据库多采用分支结构或线性结构,而对于中、长期天气预报或气候变迁研究,数据库结构会应用到周期时间结构。

2. 时间数据库模型分类

时间数据库有若干种分类,根据数据库处理时间的能力来分类,时间数据库可分为历史数据库(Historical Database)、卷绕数据库(Rollback Database)和双时间数据库(Bitemporal Database)。其中,历史数据库只能处理实际时间,卷绕数据库只能处理数据库时间,双时间数据库可同时处理这两种时间。气象要素在时间数据库中时间的二维性,决定了 3 种数据库在气象中的适用性。

时间数据库还可根据上述概念进行分类。根据数据库存放的内容,时间数据库可分为历史数据库、实时数据库和预测数据库。根据数据库的结构,时间数据库可分为线性数据库、分支数据库和周期数据库。根据对象,时间数据库可分为基于状态的数据库和基于事件的数据库。

3. 时间的不确定性

在时间数据库中,气象要素时间的不确定性是指"不知道什么时候"。这种不确定性来源于 4 个方面。

(1) 微粒过小。在大多数情况下,数据库时间计时单位与计算事件发生的时间尺寸不吻合。例如,数据库的计时单位为秒,而实际事件是以小时来计算的。

(2) 计时的不精确性。即使数据库的计时单位和实际事件发生的时间相一致,但大多数计时设备是不精确的。

(3) 预测的不精确性。绝大多数系统的预测时间是不精确的。

(4) 事件时间的不确定性。有时实际事件发生的时间是不确定的。

气象要素时间的不确定性导致了其时间数据库模型的复杂性,在目前的应用系统中,不确定时间模型仍很少见。

4. 时间数据库的结构

由非空间对象组成的时间数据库主要有 3 种结构:关系结构、记录结构和属性结构(Langran 1992)。

(1) 关系结构(Relation-level Versioning)。关系结构在每一个变化时都产生一个新的关系。这使得关系急剧增加。

(2) 记录结构(Tuple-level Versioning)。记录结构有 3 种情形:

① 采用状态对象替代事件对象。

② 采用标记表示删除和没有变化。

③ 采用两个关系来表示对象的历史和现在。

第①种方法利用 4 个时间来表示气象要素对象的变化,对象的"删除"是通过增加该对象的数据库结束时间和实际结束时间,然后增加一个新记录来表示的。显然,这种结构的数据库具有较小的冗余,且所有的关系代数都能采用。但数据库的记录是非常多的,因为所有记录都存储在一个关系中,因此某些查询的速度比第①种方法要慢。

第②种方法对未变化的气象要素对象和被删除的对象做某种标记,如在某个对象被删除时或未修改时。此种方法违反了关系型数据库法则(数据库中的记录应该是无序的)。

第③种方法将气象要素历史数据和当前数据分别存放在两个关系表中,两库的记录之间采用一个历史数据的连接索引来连接。这种连接索引只能用于 1∶1 或 1∶M 的情形,不能表示 M∶N 的情形。

(3) 属性结构(Attribute-level Versioning)。属性水平的版本结构对所有的与时间有关的属性都带有两种时间,即数据库时间和实际时间。Gadia(1988)采用这种结构表示了时间数据库。用这种结构表示的时间数据库具有最小的冗余度,而且避免了因同一气象要素对象而有不同记录所带来的数据匹配和连接问题。气象要素对象的生命周期也包含在数据记录的关键字中。但这种数据库结构具有变长记录,难以运用关系代数进行运算。

时间数据库应用于气象在下列两个方面具有重要意义:①使数据库成为真正意义上的资源清单。目前的数据库基本上不存储旧的、过时的气象数据,而时间数据库则包括任何历史数据,使数据库可以成为一个完整的电子气象信息档案库。②为动态气象监测和分析提供了丰富的数据。一方面,它可以为分析提供横向的现实数据和纵向的历史数据,对历史、当前和将来进行对比、分析、监测和预测预报,从而为预测预报系统、决策支持系统和其他分析系统服务。

4.3 气象数据挖掘

4.3.1 气象数据挖掘概述

气象数据挖掘能弥补气象模式预报对计算资源依赖的不足,能发现隐藏在复杂气象数据中的隐含知识,是提高预报预测准确率和灾害天气预警能力有益补充,是研究气候变化的一个较好手段。但气象变化受众多因素的影响,这些因素由于人类影响地球等而变化莫测,所以要真正地根据气象因素的统计特性进行气象预报还有待于进一步探索。从已有气象数据挖掘的研究工作来看,可以这样认为:①中短期预报主要利用完备的大气探测工具与手段,基于天气学基本原理,进行气象预报;数据挖掘手段作为一个有益的补充;②长期气象预报由于与历史数据的关联程度较高,可以采用数据挖掘手段进行气候趋势分析、气候预测;③气象数据挖掘技术有助于减少气象预报对计算资源的依赖。数据挖掘技术是基于建立模型、模型训练、预测这样一个模式,其中对计算资源需求较大的是模型训练阶段,但往往这个阶段的时效性要求不高,而时效性要求高的预测阶段对计算资源的需求较低,所以在计算机资源闲时进行模型训练,预测时可以在较低计算资源上(PC机)实现,且提高预报的速度。且模型训练成功后,能在一段时间内维持相对稳定。

众多的研究者已经对气象数据挖掘进行了不少研究,就目前研究状况来看,数据挖掘的技术与方法已经相对成熟,气象数据挖掘需要解决是:数据挖掘技术在气象领域的适用性研究,针对拟挖掘的知识类型和应用领域,选择对应的挖掘算法,并具针对性地进行裁剪,这里气象数据挖掘中前期数据处理。气象数据目前储存管理都还不适应数据挖掘,在结构化气象数据、建立气象数据仓库、对数据进行清理方面还有较多的工作要做。气象数据挖掘结果的表达与评价,气象数据挖掘既有文本也有图像数据挖掘,挖掘结果的可视化表达复杂。由于气象因素众多,涉及的挖掘算法众多,多个算法的结果融合与评价也是一个值得研究的问题。

4.3.2 气象数据挖掘技术

1. 时空分析

气象数据具有很强的时序和空间特性,采用时间分析、空间分析及时空联合分析气象数据,避开分析气象数据内部隐藏复杂非线性动力学机制。对任何一个天气特征,一般是通过空间分析得出该特征的现象描述和特征分析,而进行时间分析,一般是对该天气特征作出预报预测。空间分析对基于空间多站点数据的聚类分析,形成地理区域划分;对基于空间站点的数据进行主成分分析,得出影响天气现象较为突出的区域;同时聚类分析中,发现奇异点,指出反常现象。时间分析指对组成的长时间序列数据进行回归分析、趋势预测与奇异值分析;对时序数据的分布演变进行跟踪分析,得出比如台风路径等。

2. 降维分析

影响天气的因素众多,且各个因素间的关系十分复杂。现有的气象预报模式将大量的卫星、雷达和台站观察资料代入复杂的方程计算求解,对计算能力要求极高。在预报精度不损失的情况下,降低气象预报所需的数据维度,减少对计算机资源的依赖,实现 PC 机气象预报。

降维分析方法主要有两种:一种是精确降维,主要是以粗糙集分析方法为代表;另一种是近似降维,以主成分分析为代表。

粗糙理论的基本思想是将数据库中的属性分为条件属性和结论属性,对数据库中的实例根据各个属性不同的属性值分成相应的子集,然后对条件属性划分的子集与结论属性划分的子集之间形成的近似空间进行分析,如果条件属性集中去掉某一个属性 a 而不影响结论属性的知识表达的精度,那么 a 就是可约简的,从而实现整个数据库表的属性维数减少。J. F. Peters 等在风暴预报中,采用粗糙集对气象雷达体数据进行分类,弥补了气象雷达数据的不精确性和不完整性带来常规模式预测效果差的缺点,取得了较好效果。

主成分分析的基本思想是,设法将原来众多具有一定相关性的指标重新组合成一组新的相互无关的综合指标来代替原来指标。在选取综合指标时,其个数少于原有指标个数。但是,一般地,选取综合指标并不能完全代替原有指标,仅仅是根据累计贡献率的大小取前 k 个综合指标。所以,主成分分析是不精确的降维方法。黄海洪等首先进行主成分分析,然后利用神经网络建模预报水位,简化了神经网络输入参数,在稍许精度损失下提高了预报效率。Tsegaye Tadesse 利用双时间序列分析方法在众多的大气因子和海洋因子中找出影响干旱相对较强的因子。

3. 分类预测

数据挖掘就是要在大量气象资料和数据中,建立描述复杂非线性天气系统的模型,分析隐藏在数据背后的气象知识和规律,对未来气象因素进行预测,为气象预报员提供决策支持。分类预测有两大类:①对离散值的预测,如是否降雨、是否降霜、台风等级、暴雨等级,常用的方法有决策树、分类统计、神经网络、粗糙集、SVM 分类算法;②对连续值的预测,如降雨量预测、温度预测等,常用的实现手段是回归分析、神经网络等。

向俊莲等利用决策树方法,分别对气温距平值、雨量距平值及海温距平值进行预报,预报准确率达到 59%。Theodore B Trafalis 等通过对比使用ANNS、SVR(Support Vector Regression)、LS2SVR(Least Squares Support Vector Regression)、LR(Linear Regression)以及气象学家应用的 RR 来预测降雨量。Cheng Tao 利用动态复神经网络 RNN 来预测森林火灾的面积。

4. 关联分析

考虑气象数据的时空特性和数据因素的多维性,对气象数据的关联规则挖掘要从两个方面进行处理:一是要降低频繁集产生的个数,指定属性进行关联分析;二是要考虑同一数据属性在不同时间和不同地点的关联关系。

气象数据库表中的属性(字段)数目 n 较大,考虑所有字段的关联,需要测试的频繁集理论上有 $2n$ 个,且产生的频繁集并不一定有意义。指定一个关键属性,考虑其他属性与该属性同时发生的概率,更具有实际意义。马廷淮采用了指定结论域进行关联规则分析。特定时刻和地点的气象因素受相邻地域气象因素影响,且具有时间连续性。频繁候选集的选取要具有跨地域和跨时间性,以便更好地表达此时此刻的气象因素与以往时刻和相邻地域的关系。Ling Feng 等研究了来自不同案例的同一个属性在不同时段的关联关系。Thomas H. Hinke 等考虑不同地点的数据之间的关联关系。

4.3.3　气象数据挖掘的应用

随着气象信息化程度的日益提高,气象部门积累了大量的气象数据,如何管理好和使用好这些海量数据,是提高预报预测准确率和灾害天气预警能力的关键。这些海量气象数据主要包括:以地面、高空、太阳辐射、农业气象等台站的观测资料及其统计加工产品为主的台站资料;以各种数值模式的同化分析资料和各种遥感探测的数值反演产品为主的格点资料;以各类卫星云图和各种雷达图像为主的图形图像资料;以面向主题的、由多种资料构成的某一区域或领域范围的综合资料构成综合气象数据。据统计,每天通过气象信息中心广播下发到各台站的气象数据高达300MB~500MB;新一代天气雷达信息共享平台建成后,台站收到的气象雷达资料每天高达100GB;而中央台(站)每天收到的资料更是高达TB数量级,业务应用的数据高达PB数量级。现阶段气象预测预报并没有充分利用如此庞大而又珍贵的气象资料。

目前,数值天气预报通常采用一套极其复杂的数学方程来描述大气的运动规律。科研人员将气象卫星、雷达等观测的大量数据代入这个方程求解,预测出未来的天气变化情况。正是由于预报模式的复杂性,在一般台站的预报中,预报员根据经验,利用当天或者前几天的少数站点的实况资料以及小范围区域内极少数的几个物理量,提取认为与某一天气现象相关性较高的天气要素作为因子,进行回归、判别分析,即得出预报结论。

现阶段的预报业务,难以考虑众多气象因素,更难以分析数据属性间隐含的信息。因此,建立气象综合数据仓库,实现对数据预报过程、信息服务最强大的数据支持;对各种资料进行聚类分析、关联分析、时间序列分析,以求发现各种物理量和气象要素与未来天气之间的关系;根据气象资料做出气象的预测,减少预报中的主观因素,有利于预报技术的持续改进,提高预测的准确度。

1. 气象预报

气象预报一般指短时、短期和中期的天气预报。根据预报的内容和时限不同,有不同的预报技术和手段。短时(3h内)天气预报主要采用现代化的探测手段,并用外推法作出预报;短期(72h内)天气预报使用传统的天气学、统计学、动力统计学、数值预报、诊断分析等方法制作;中期(10d内)天气预报应用天气学、统计学、动力学、数值预报等方法综合分析制作出来。所以在气象预报中,主要还是利用天气学基本原理分析及时得到的探测数据;而基于数据挖掘和统计的气象预报方法未得到充分的应用,具有较大的研究空间。国内外不少学者在这方面进行过有益探讨。

从现有研究情况来看,采用 SVM(Support Vector Machine)分类方法对降雨量的预测估计得到的效果较好。冯汉中等将 SVM 分类和回归方法首次应用于气象预报试验。利用 1990~2000 年 4~9 月降水资料,建立四川盆地降雨量有无大于 15 mm 的 SVM 分类推理模型、四川盆地内单站气温的 SVM 回归推理模型,对每天的降水量进行预报试验,试验结果显示对应的 SVM 推理模型具有良好的预报能力。B. Theodore 等通过对比使用 ANNS,SVR,LS2SVR,LR 以及气象学家应用的 RR 来预测降雨量。通过对俄克拉何马州的实际降雨数据进行测试显示:LS2SVR 方法在每 5min 内降雨量估计方面占优;而对是否降雨的预测 SVR 方法明显准确度较高 。

气象数据往往具有很强的时空关联特性,采用时空关联分析进行气象预报是一个较好的途径。Ling Feng 等对常规的关联规则进行了扩展。传统的关联规则的各个事项一般是从同一个交易项目而来的,比如关联规则事项都来自同一个顾客购买的商品项。而气象的关联规则可能来自不同案例的同一个事项,如事项是温度、6h 后的温度、18h 后的温度或者 24h 后的温度之间的关联关系。Thomas H. Hinke 等考虑不同地点的数据之间的关联关系,并提出了将空间数据组成矢量,通过矢量数据间的关联关系来表达不同地域气象数据之间的关系。

R. Estevam 等利用贝叶斯网络方法,在缺失数据的情况下预测机场的湿雾天气情况。试验证明,该方法无论在数据缺失与否的情况下,都能取得较好的预测效果。黄海洪等根据气象和水文资料,采用人工神经网络与主分量分析相结合的方法,以上游面雨量、水位值为预报因子,以西江流域的梧州水位为预报量,建立了梧州水位的预报模型,发现预报因子与预报量有较强的相关性,且预报效果及预报稳定性明显好于传统的神经网络预报模型,可在预报业务中使用。

2. 气候预测

气候预测是指长期天气预报,其主要内容是对预报时效内的旱涝、冷暖、雨量、气温等作趋势性预测。气候预测应用了大量的历史资料数据,采用统计预报等方法综合判断分析制作出来的,这恰是符合从海量数据中进行知识挖掘的特征,由于时效性的相对要求不高,适合进行大规模的数据分析处理。气候预测是数据挖掘的应用重点。

Tugay Bilgin T. 等对土耳其全国的气象站每天的气温数据进行聚类分析,得出具有相同趋势的气温区域,从而根据气温特性对土耳其进行气象区域划分。李永华等采用奇异谱分析(Singular Spect rum Analysis,SSA)方法对标准化样本序列进行准周期信号分量重建,将重建序列构造均值生成函数延拓矩阵作为输入因子,原样本序列作为输出因子,构建BP神经网络多步预测模型,对重庆市沙坪坝站的夏季总降水量进行建模预测,取得较好的效果。万谦等扩展了正态云理论,应用竞争聚集算法确定正态云的两个参数,应用双参数阈值挖掘正态云关联规则,并利用求正态云关联规则的支持率和信任度来进行预测。分析出日照时数和降水量在取某些值时每月平均气温的 4 个语言值出现的可能性。焦飞等利用数据挖掘技术中的一些方法,并开发相关的软件来辅助分析,选取广州、香港、澳门、湛江和汕头 5 个站点的 100 多年来年平均地面气温资料,建立回归分析模型,研究分析广东及港澳气温的长期变化趋势。向俊莲等基于1961～1997 年云南气象有关海温距平值、雨量、气温场等大量数据,利用决策树方法,对云南 80 个雨量站每个月降雨量预报进行了深入研究和改进,经过试验验证,预报准确率达到59%,满足预报要求,且提高了预报效率。

3. 气象灾害预测

我国是自然灾害多发、频发的国家,几乎每年都发生洪水、台风等自然灾害,造成巨额的经济损失,对人民生活的安定和社会的稳定造成了威胁。防灾减灾在构建和谐社会中有着至关重要的作用。防灾减灾是基于对气象灾害的准确预报的。气象灾害的预报主要是根据灾害天气动力学理论,借助定量遥感技术进行短时临近预报。由于气象灾害事件一般以个案形态呈现,难以有大量的相似案例进行数据挖掘。但是灾害气象的重要性吸引了众多的研究者尝试采用数据挖掘手段试图提高灾害天气预报能力。

J. F. Peters 等基于气象雷达体扫数据,采用粗糙集方法对夏季恶劣天气下的风暴类型识别判断进行了研究。利用粗糙集方法,使得气象雷达数据的高维度性、数据的不精确性、数据的不完整性得到克服。并利用加拿大环境署的雷达决策支持数据库,基于分类准确率作为标准,粗糙集方法是众多的分类技术中最适合风暴预测的。Tsegaye Tadesse 等采用双时间序列分析方法发现干旱因子与海洋参数之间的关系,从众多大气和海洋因子中得出对干旱影响相对较强的因子,从而指出监视特定的海洋因子是干旱预报的主要手段。Asanobu Kitamoto 基于从南北半球收集到的 34000 张中等尺寸卫星照片对台风预报进行了系统研究。主要利用时空数据挖掘,进行主成分分析,降低数据纬度,然后通过聚类得出台风云图模式,最后考虑时间序列得出台风的状态转移规则。该方案还利用核计算,如支持矢量机和 Kernel PCA ,挖掘台风云图模式。Cheng Tao 等利用前向型神经网络来发现隐藏的和深度缠绕的空间关系,利用时间序列分析发现隐藏在过去与现在数据中的模式,通过时空分析来预测森林火灾面积。试验表明,这样的时空处理手段对森林火灾面积的预测是有效的。

第5章 气象通信网络

5.1 气象通信系统

气象通信是气象业务运转的基础和重要保障,是开展天气预报和气象服务的先决条件。它的特点是网络组织高度分散,信息资料传输高度集中,信息量大,对质量、时效要求高。气象通信经历了从手工到自动,从点对点的数据传输到依托宽带通信网络和卫星广播系统收集和分发气象数据的发展历程。目前,我国的气象通信系统已发展成为由国际气象通信系统、国内气象通信系统组成,覆盖国家、地市、县、测站及部门相关业务和科研用支持全球及国内各类观测资料和预报预测产品用户快速收集和分发的数据传输平台。

5.1.1 气象通信系统内涵

气象通信系统是具备数据收发、交换控制及传输监视能力的综合业务系统,其总体技术架构划分为4层,分别是基础设施层、数据存储层、应用逻辑层和表现层,如图5.1所示。

(1)表现层是通信系统的管理入口,主要为业务管理、维护和运行监视人员提供人机交互界面,满足系统管理、维护和运行监视的需求。

(2)应用逻辑层是通信系统的核心,是数据收发功能及传输业务逻辑的实现层,主要提供各种传输协议接口、实现数据交换控制、传输处理及作业调度等。

(3)数据存储层为数据交换提供存储服务,主要有文件库和数据库两种存储方式,其中文件库主要存放各种气象资料以及相关的传输和交换策略文件,数据库保存主要指数据收发和传输处理过程中的中间状态。

(4)基础设施层是通信系统的运行环境,包括通信网络、计算机硬件、存储介质等硬件环境,以及操作系统、集群管理系统、数据库管理软件等软件支撑环境。

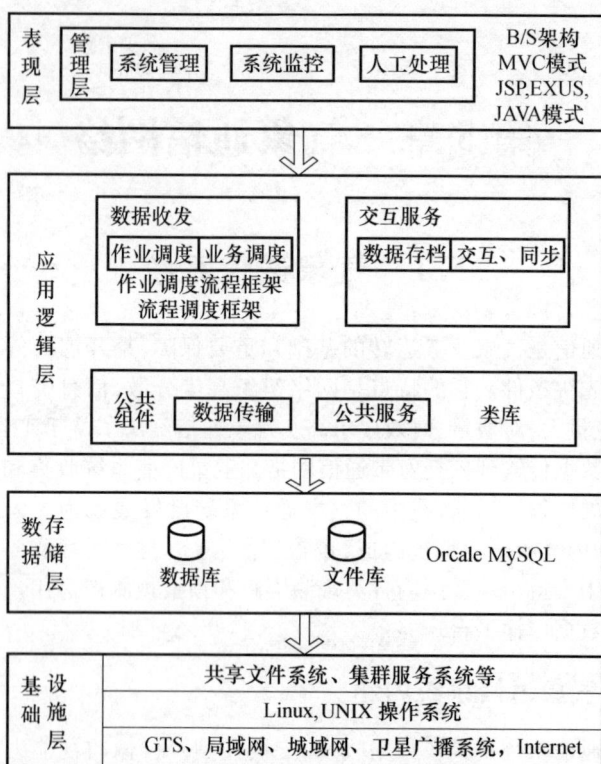

图 5.1　气象通信系统分层逻辑结构

5.1.2　国内通信系统

1. 国家级通信系统

国内通信系统承担国内气象资料和产品的收集以及国内外气象资料和产品的分发服务,用户主要为全国各级气象部门及相关行业部门。它的主要特点是以文件为单位进行数据传输和交换,支持 FTP、Multicast 等传输协议,具备数据文件收集、分发、交换控制和缺收补调功能,以及文件级、公报级和报告级(站级)气象资料的传输监视和传输质量统计功能。国内通信系统数据传输流程如图 5.2 所示。

上行气象信息是全国基层气象台站(包括全国区域气象中心、省级、地(市)级以及县级气象台站、测站)向国家级中心传输的各种观测资料、

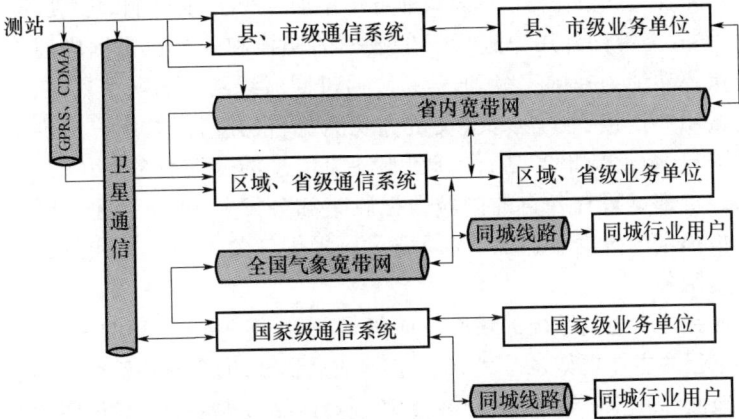

图 5.2　国内通信系统数据传输流程

加工产品以及其他有关的信息,其基本传输流程是逐级汇集和上传,即测站的观测资料及县、市级台站的各种观测资料和加工产品通过省内宽带网上行传输至本省(区、市)省级通信系统,省级、区域级中心将省(区、市)的全部观测资料、加工产品以及其他有关信息通过全国宽带网上行传输至国家级通信系统。对于无人值守的自动站,通常采用通用分组无线业务(UPRS)、码分多址(CDMA)网络或卫星通信(卫星数据收集平台)等方式将观测资料传送到中心站(一般为省台或卫星主站),再由中心站上传到省级或国家级通信系统。

下行气象信息是上级中心向下级中心传输和播发的气象数据和产品。国家级中心主要通过卫星广播系统(PCVSAT、DVB-S)向全国各省、地、县气象台站播发下行信息,包括:国家级中心收集的国内外气象观测资料、国外预报产品、国家级业务单位加工制作的预报预测产品,以及区域气象中心及省级和地市级气象台的加工产品等。在区域级和省级,区域气象中心和省级气象台向所属地、县级气象台站传输的下行信息,可以通过省内宽带网向所属地、县级气象台提供,也可上传到国家级中心后通过卫星广播系统的区域或省通道向相应的地、县级气象台播发。

除气象资料的上行、下行传输外,各级气象部门可通过省内宽带网与全国气象宽带网进行气象信息的双向传输和共享,即:区域气象中心和省级气象台可以通过省内宽带网向所属地、县级气象台提供区域、省级加工产品的交互访问和共享服务;国家级中心可以通过全国宽带网向区域气

81

象中心和省级气象台提供国家级业务单位加工产品的访问和共享服务。

另外,与部门外用户进行气象数据的交换和共享也是国内通信系统的重要功能。在国家级,通信系统通过同城线路与国家水利部、民航等同城用户连接,收集水文、飞机等观测资料,并向同城用户提供全球观测资料、数值预报产品、传真图等气象信息的分发服务。在省级,气象部门也都运行有各自的同城数据收集和分发业务,包括通过同城线路收集预定的数据和产品、向同城用户提供气象观测资料和服务产品的分发服务。

现有国内通信系统的核心功能仍是 1999 年 9210 工程的建设成果,业务流程的主体框架也是 9210 工程建成后形成的,当时传输交换的数据仅有地面、高空等常规观测资料、数值预报产品及少量的卫星云图和产品等,日传输数据量不足 2GB,传输业务组织和交换控制相对简单。但是,随着气象事业的快速发展,气象资料种类和数量不断增加,旧传输数据已超过 40GB,数据传输时效和质量要求也不断提高,国内通信系统在传输业务规范化、传输控制及传输质量监视粒度等方面的不足已明显显现。例如,新增资料传输无法有机地纳入业务流程,传输处理环节多,交换控制能力弱,没有有效的传输质量监视手段和方法等。

2. 省级通信系统

国内各省通过省内通信网、通信线路收集辖区观测站的观测资料、产品及辖区台站的预报等。通过卫星气象数据广播系统接收北京主站广播的数据,同时,通过地面宽带线路将省内各类观测资料和产品传输到国家级中心,通过省内线路为所辖气象台站提供数据服务。另外,各省还通过同城线路收集预定的资料数据,向同城用户提供气象观测资料和产品。主要功能包括数据收集、格式检查、数据分数据补调、错报调阅及修改、监控、统计等功能。目前,省级通信系统由多级子系统构成,除了省内各台站针对各种观测资料配置的采集传输系统外,主要还包括 9210 通信系统、雷达地面宽带通信系统、新增资料传输系统、自动站中心系统、闪电中心系统、风能中心系统和 DVB-S 广播系统等。

下面以某省为例,介绍该省目前在实现气象信息收集、传输、信息共享方面的网络组成及通信方式。

目前,某省的气象通信网络主要由卫星网、地面宽带网、分组交换网组成,可实现数据高速传输和语音、视频的双向交流。卫星网主要用于全国各级气象系统与中国气象局之间的信息交互,实现全国气象系统之间的信息共享。地面宽带网是全省气象通信的主干网,具有容量大、速度快、功能多等特点,主要用于资料传输和电视会商。分组交换网是卫星网和地面宽带网的备份线路,是气象信息传输必不可少的辅助线路。在整个通信系统中,广泛应用了小型机、分布式计算机集群和关系数据库等先进技术,具有大数据量处理和存储能力,极大地提高了整个系统应用领域。

(1)通信系统。卫星通信是目前气象资料传输的主要通信方式。其双向传输系统的上行传输速率为256KB/s,下行传输速率为512KB/s主要用于数据的传输。而单向传输系统(DVB-S)的传输速率为2MB/s,可同时传输数据和视频信号。中国气象局与某省气象局建成的2M SDH宽带网为6M,该网络可实现多种业务的综合利用,并在目前实时传输业务中发挥着越来越大的作用。省市2M SDH宽带网用于数据和视频信号的传输。备份线路为10条PSTN程控拨号线,便于用户使用。省内Internet网采用网通公司的10M互联线路,目前已升级为100M。

(2)视频系统。配备省市间电视会议会商系统,省局配备一台多点控制单元(MCU)和一台视频终端,每个地市局配备一台视频终端。某省气象局与国家气象局之间采用电视会议会商系统,该系统可通过卫星和地面宽带两条线路传输,目前采用的是地面宽带,系统具有向全省转发的能力。

(3)资料处理。某省气象局近年来先后建成了等效雷达、自动站中心站、闪电定位中心站等系统。

① 9210通信系统。采用两台主服务器,主要用于资料上传。

② 全省等效雷达系统。采用一台主服务器收集全省多部雷达及相关省份的雷达数据,实现全省共享。

③ 全省自动站中心站。严格按照中国气象局的要求进行升级,目前已具备处理应急加密观测的能力。在台风等重大灾害性天气发生前,能够按规定启动应急加密观测,实现资料的处理和上传。

④ 全省区域自动站中心站。对全省的区域自动站实施了加密观测,并按要求对加密资料进行处理和上传。

⑤ 全省闪电定位中心站。负责全省若干个子站探头的数据获取和处理工作。目前,该系统已可以正常工作,并已开始按要求上传探测数据。

（4）信息共享。气象资料内部共享服务情况,按照共享管理办法,某省气象局内各单位持由各单位主管领导签字的资料提取单在资料科获取资料。气象预报、决策预报等建有数据库,资料科按时将资料追加到数据库中,供业务使用。资料科建有数据服务平台软件。对外和环境评价等资料服务,主要通过专门的服务软件制作相应的资料,建有为电力、环境评价等部门的服务软件。

民航气象台早期采用的是 PSTN 拨号或专线方式接入,用于调取某省气象台的地面、高空、传真图等常规资料。随着资料量的不断增加,目前已建成了连接某省级中心的 64K DDN 专线,扩大了业务上的信息交流。全省若干个机场的自动观测数据、油田气象台两个自动观测站的观测数据,均每小时上传一次,实现资料共享。

与某省环保局和某省民政厅专用的 PSTN 拨号线路,接入某省级中心的局域网,主要用于定时定量的文件信息的传输。与某省地质监测总站采用专用的 PSTN 拨号线路,实现与某省级中心资料数据的共享。建成了一条 2M SDH 专线,成功地进行了电视会商。该系统目前已正式投入到地质灾害的预报、预警工作中。

3. 地市和县级通信系统

国内各省的县级和地市级气象局基本都建有小型局域网,县(市)局的局域网通过 VPN 和地面专线与省局或市气象局网络直接互连。市局通过 2M 数字电路或 VPN 与省局进行网络连接。另外,市级气象局还安装有连接卫星广域网的双向站,可以直接将资料发送到北京主站。通信系统主要由数据接收、数据发送、数据编码及业务监控软件构成,网络协议统一采用 TCP/IP 协议,数据传输采用 FTP 协议。

4. 台站级通信系统

台站通信系统的功能是按照气象资料传输业务要求对观测数据进行编码和封装,通过通信线路上传到上级通信中心。

对于有人值守的观测站,台站与市局一般通过数据专线(2M)、VPN等实现连接。对于无人值守的自动站,通常采用 GPRS、CDMA 或卫星通信等方式将观测资料由测站传到中心站,由中心站负责完成无人值守自动站资料的编码和上行传输,中心站与省级中心或国家级中心之间通过地面专线或互联网完成资料上传。载车内计算机网络应采用有线及无线两种接入方式,完成车内的局域网组建以及与主控中心之间的互通。

5.1.3 国际通信系统

国家级中心的国际通信系统承担 GTS 亚洲区域通信枢纽职责,负责国内全球交换资料的对外分发,负责越南、朝鲜等责任区国家的气象数据传输,负责与德国、日本、俄罗斯、蒙古、韩国、泰国、印度及欧洲气象卫星组织等 GTS 中心进行气象数据交换,是我国与国外进行实时气象资料交换的节点,也是为国内用户提供国外实时气象资料的接口,数据传输流程如图 5.3 所示。

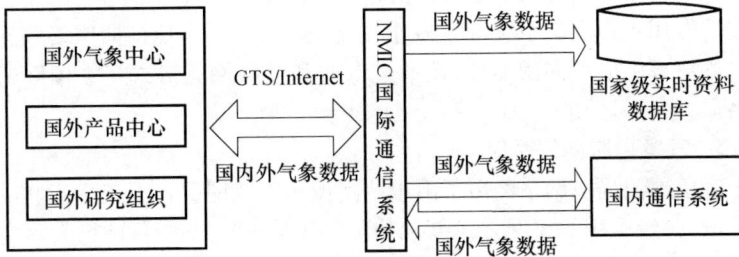

图 5.3 国际通信系统数据传输流程

国际通信系统支持报文交换和文件交换,具备报文编辑、纠错和转发功能,具备文件级、公报级和报告级(站级)的气象数据收发、交换控制和传输监视功能,支持表格驱动编码格式(TDCF)数据的传输和交换,支持 ASYNC、X.25、TCP Sockets、FTP、HTTP、EMAIL 等传输协议和传输方式。目前,国际通信系统收集资料已由常规观测资料扩展到飞机、海洋观测、数值预报产品、气象雷达资料、气象卫星观测资料和产品,日收集数据量超过 20GB。特别是近年来,卫星云导风、先进的大气垂直探测仪(ATOVS)及飞机观测等资料收集能力的快速提升,为数值预报业务和科研提供了较好的数据保障。

虽然,国际通信系统现有能力在 GTS 主干网上的区域通信枢纽(RTH)中位于前列,收集资料基本满足国内各级气象部门对国外资料的收集和传输服务需求。但是,由于 GTS 是承担世界天气监测网数据和产品交换的业务系统,在支持 WMO 其他计划的数据交换以及为更多用户提供数据服务方面存在着局限性,这也使得国际通信系统在面向更多用户的传输服务能力方面以及收集资料的种类和范围方面存在着不足。

5.2 气象网络系统

5.2.1 气象网络系统内涵

气象网络系统是气象信息传输和气象资源共享的基础平台,由横向和纵向网络系统组成。横向网络系统包括各级气象部门局域网络、行业间互联网络等本地网络,纵向网络系统为连接国家级、省级、地市级和县站级4级气象部门的网络系统,主要表现形式为广域网络和利用互联网形成的专用虚拟网络系统等。另外,在国家级,除了本地横向网络和连接各级气象部门的纵向网络外,还通过专线和互联网等形式建立国际通信网络。

1. 气象局域网络系统

气象部门局域网络经历了由小范围孤岛局域网到骨干集中互联的不同阶段,曾经采用的组网方式包括 FDDI、以太网等方式,目前已发展为以千兆/万兆以太网络为核心。

1)国家级高速气象局域网络系统

国家气象中心新的高速业务主干局域网,采用了光纤分布式数据接口(采用多模光纤作为传输介质的高性能光纤令牌环局域网),在 FDDI Trunk 上配置了 VLAN,网络主干可达每秒 400 万个包的线性路由性能。中国气象局骨干网络系统采用层次化的千兆以太交换网络结构(交换局域网),各主要业务单位或业务系统以千兆位级速率连接到骨干网络的核心交换层,由核心交换层实现数据的转发,其他的路由功能由分层网络交换设备完成。此外,该系统还承担着与外部互联网系统、全国气象宽带网络系统的业务。

2)省级气象局域网络系统

目前省级气象部门的局域网络已经实现了核心层/分布层和接入层的部署模式。其中,北京、山西、辽宁等省(区、市)采用双核心的网络设备,而天津、河北、内蒙等省(区、市)采用单核心的网络设备。省级气象部门局域网能够通过 VLAN 的划分,较合理地规划其不同部门的业务办公区。

2. 气象城域及广域网络系统

从 20 世纪 90 年代开始,随着 9210 工程的实施,全国卫星通信网络系统全面建设完成,但随着大气探测手段的进步,产生的资料量增加,资料种类更多且对传输的时效性要求也更加严格。全国卫星通信网络系统所能提供的带宽已十分有限,无法满足雷达观测、自动站观测等资料的上行传输要求。因此,2003 年中国气象局开始统一建设国家级气象宽带网络主干系统,逐步完成了 SDH 系统和 MPLS VPN 系统实现了各省级系统和国家级系统的地面宽带互联。

1）全国气象宽带网络主干 SDH 系统

SDH(Synchronous Digital Hierarchy,同步数字体系)是按不同速度的数位信号的传输提供相应等级的信息结构,包括复用方法和映射方法,以及相关的同步方法组成的一个技术体制。解决了由于入户介质的带宽限制而跟不上骨干网和用户业务需求的发展,导致产生了用户与核心网之间的接入"瓶颈"的问题,同时提高了传输网上大量带宽的利用率。

2）全国气象宽带网络主干 MPLS VPN 系统

MPLS – VPN 是指采用 MPLS 技术在骨干的宽带 IP 网络上构建企业 IP 专网,实现跨地域、安全、高速、可靠的数据、语音、图像多业务通信,并结合差别服务、流量工程等相关技术,将公众网可靠的性能、良好的可扩展性、丰富的功能与专用网的安全、灵活、高效结合在一起,为用户提供高质量的服务。

3）省级气象广域网络系统

我国省级气象部门的省内宽带网建设起步较早,目前多数省份的覆盖省会城市和地(市)的省内宽带网络系统已经建成。省级系统基于宽带网络系统开展了数据传输、电视会商及 IP 电话等多项业务,已经进行到业务化运行阶段,但是已经建成的省内宽带网络基本上是单线路和单设备运行,不具备设备级和线路级备份手段。

5.2.2 我国气象通信网络

气象通信网络是连接我国各级气象部门、国外气象中心以及其他气象资料提供或使用单位的通信网络。经过 60 年的发展和建设,一个地面线路和卫星通信系统相结合,公网和专网相结合,宽带、高速、可靠的通信网络系统已逐步形成。目前,承载实时气象资料传输业务的通信线路和网络主要有全球电信系统(GTS)线路、宽带通信网、卫星广播系统、同城专线及互联网(Internet),另外,各省都有覆盖省内市、县气象部门及测站的省内通信网络,承载省内资料收集和分发服务。

气象通信网络连接现状如图5.4所示。国家级中心是国内资料传输和交换的国家级通信枢纽,也是国外资料收集及国内资料对外交换的通信节点,负责通过全国气象宽带通信网收集国内资料和产品,通过卫星广播系统向各级气象部门分发数据,通过 GTS 通信连接与国外中心进行数据收集和交换。另外,Internet 也得到广泛应用,是气象资料收集、传输的补充和备份。

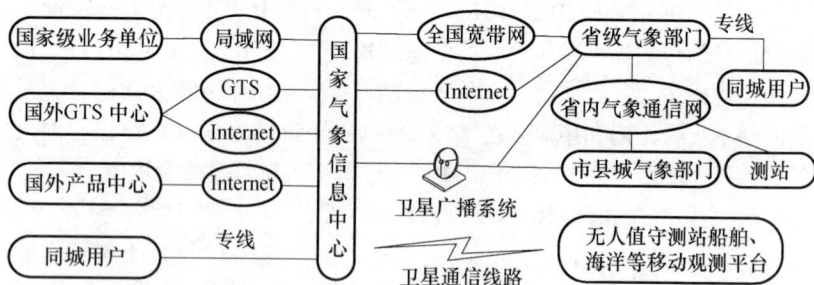

图5.4 我国气象通信网络连接现状

1. 全国气象宽带网

目前,全国气象宽带网主干网络是覆盖省以上气象部门的宽带地面通信网络,由同步数字传输体系(SDH)和多协议标签交换虚拟专用网(MPLS VPN)两套系统组成。其中,SDH 系统连接国家级中心、区域中心与省及直辖市气象中心,省以上气象中心到国家级中心连接带宽达到 8Mb/s,承担国内观测资料收集及区域和省级预报预测产品的上行传输业务;MPLS VPN 网络连接国家气象中心及区域和省级中心,主要承担国家级预报产品的共享服务,以及区域内、流域内和省际间的数据交换和共享服务,国家级的接入带宽为 100Mb/s,区域中心为 8Mb/s,其余各省为 6Mb/s。除主干网络外,连接省级中心及省内县市气象部门和测站的省内通信网也是气象通信网络的一部分,承载省内资料收集和分发服务。

2. 卫星广播系统

卫星广播系统包括 PCVSAT 系统和 DVB – S 系统,覆盖全国县级以上的气象部门及部分部门外用户和国外气象中心,是国内通信系统气象数据分发的主干通道。

PCVSAT 系统于 1998 年建成并投入业务运行,覆盖全国各级气象台站、部分部门外用户及 5 个国外气象中心,接收小站超过 2400 个,广播速率 2Mb/s,播发内容主要为常规观测数据和数值预报产品等基本气象资料,日广播数据量约 3GB。

DVB – S 系统是 PCVSAT 系统的升级系统,采用卫星数字视频广播技术,2006 年 6 月建成并投入使用。目前,建立的小站覆盖地市级以上气象部门和部分行业外用户。系统在播发传统气象观测数据和产品的基础上,增加了多普勒雷达产品、各省区域自动气象站和自动雨量站观测资料的广播,实现了风云 2 号气象卫星圆盘图和其他卫星资料的实时播发。目前,系统数据广播带宽为 8.5Mb/s ,日播发气象数据和产品超过 40GB。

3. GTS

GTS 是世界气象组织(WMO)世界天气监测网的基本业务系统,由主干通信网、区域通信网和国家通信网组成,主要任务是在世界气象中心(WMC)、区域气象中心(RSMC)和国家气象中心(NMC)之间快速、高效、可靠地收集、交换和分发来自全球观测系统的基本观测数据和经全球气象资料处理系统加工过的气象数据和产品,满足 WMO 成员和国际组织开展气象业务、服务和科研的需要,也承担大气科学相关研究活动的气象资料传输。

北京是 GTS 主干网上的区域通信枢纽,有多条国际气象通信线路与国外中心连接,其中,与日本、德国、俄罗斯、印度、欧洲气象卫星组织等通过 MPLS VPN 连接,与朝鲜、越南、蒙古等责任区国家及泰国、韩国等通过数字专线或帧中继线路连接,另外,北京还通过广州与香港和澳门建立了 GTS 连接。目前,北京 GTS 连接是中国气象局收集国外资料和产品,以及对外提供国内资料、全球交换资料和双边交换资料的主干通道,总带宽超过 6Mb/s,日收发数据量已分别达到 9.2GB 和 5GB。

4. Internet

在国家级,Internet 已成为实时资料收集交换的重要补充和备份。目前,国家级中心通过中国电信网、北京电信网和中国科技网均有 Internet 接入,出口速率分别是:到中国电信网为 150Mb/s;到北京电信网为 300Mb/s;到中国科技网为 250Mb/s。实时资料交换和传输业务备份使用的是中国科技网,日收集数据 11GB,发送数据 4GB。

区域中心和省级系统基本具备了 10Mb/s ~ 100Mb/s 的 Internet 接入

能力,并建有业务数据传输备份流程,在业务连接出故障时,可以通过 Internet 向国家级中心传输上行数据,以及从国家气象信息获取关键业务资料。

5. 同城线路

同城线路是与气象部门外用户进行气象资料传输和交换的通信线路。在国家级,国家级中心与国家海洋局、民航等多个部门外用户有通信连接,为用户提供实时气象数据和产品的分发服务,同城线路带宽基本为 2Mb/s,部分线路还有备份连接。在省级,各省级气象部门也都有同城线路与相关用户连接,为省内气象部门外用户提供气象数据传输服务。

6. 其他通信连接

除上述通信网络外,国家级中心还通过局域网连接国家气象中心、国家卫星气象中心、国家气候中心等国家级业务单位,收集相关观测资料和产品,并提供数据分发服务。另外,还通过海事卫星、北斗卫星等卫星通信系统收集无人值守测站以及船舶、海洋的移动观测平台的观测资料,并利用海事通信卫星为海上航行的船舶提供台风警报播发服务。

5.2.3 气象网络安全

1. 网络安全的必要性

现代社会气象信息的大量应用,越来越彰显其重要性,然而与此同时,网络的应用也给气象信息安全带来了大量的潜在隐患,因此,加强气象网络的安全性就非常必要。

(1)气象技术的保障需求。当前,随着气象业务的不断发展,气象应用系统越来越多,对网络的依赖程度越来越强,网络安全早已摆在极其重要的位置。尤其是近几年来,随着全球气候的普遍升温,世界各个地方都面临着干旱、洪涝、雨雪、台风等自然灾害,气象技术的观测、预报功能是人们预防自然灾害最有利的工具,而病毒、非法侵入系统等不法行为肯定会影响到气象技术的发挥,因此,保障气象网络安全是必需的。要解决这一问题不可能依靠某种单一的安全技术,必须针对气象网络的应用情况,采用综合的策略,从物理环境、网络和网络基础设施、网络边界、计算机系统和应用、安全管理等多方面构筑一个完整的安全体系。

(2)气象网站的安全需要。全国各级气象网站是公众了解气象政务、天气预报等信息的重要媒体,通过这一介质,人们可以根据未来的气象资料,预先安排自己的生产生活。当前世界联系日益紧密,任何因素的波动都有可能造成无法估量的损失,因此,人们从气象网站中及时获取有价值的信息,对于他们来说是非常重要的。但由于互联网的安全性较低,随时都有可能遭到有意或无意的黑客攻击或者病毒传播。

2. 气象网络安全存在的问题

影响气象网络安全的因素有很多,本书主要介绍以下几个方面:

(1) 气象网络管理缺陷。由于全国各级气象网络系统在管理制度上普遍存在缺陷,有些基层站没有专职计算机网络管理人员,再加上某些基层气象职工计算机水平较低,机房设备较差,对气象网络的安全极为不利。其不安全因素主要表现在以下几点:

① 人为的非法操作。在某些基层气象站闲杂人员擅自进入机房的现象时有发生,甚至有人随意使用外来光、磁盘。由于管理制度不到位、防范意识差、随意的光盘和磁盘放入,有意无意将黑客装入,给计算机网络埋下不安全隐患。

② 管理制度不完善。本应由管理员操作的部分管理工作,擅自交由其他非工作人员进行操作,甚至告诉密码,致使其他人可以任意进行各种操作,随意打开数据库,造成有意无意的数据丢失,有的甚至在与 Internet 连接的情况下,将数据库暴露,为黑客入侵创造条件;有的人将密码随意泄露给别人。

③ 相关工作人员的失职。气象部门工作人员的职责不到位,玩忽职守,在 Internet 上乱发信息,为修改文件破坏了硬件,对“垃圾文件”不及时清除,造成数据库不完整、资料不准确。

(2) 病毒侵入。目前,气象网络安全面临的最大危险就是病毒的侵入。当前网络中,各种各样的病毒已经不计其数,并且日有更新,每一个网络随时都有被攻击的可能。计算机网络病毒充分利用操作系统本身的各种安全漏洞和隐患,并对搭建的气象网关防护体系见缝插针,借助多种安全产品在安装、配置、更新、管理过程中的时间差,发起攻击;有时黑客会有意释放病毒来破坏数据,而大部分病毒是在不经意之间被扩散出去的。在不知情的情况下打开了已感染病毒的电子邮件附件或下载了带有病毒的文件,也会让气象网络染上病毒。

3. 气象网络安全的对策

1)技术层面对策

对于技术方面,计算机网络安全技术主要有实时扫描技术、实时监测技术、防火墙、完整性检验保护技术、病毒情况分析报告技术和系统安全管理技术。综合起来，技术层面可以采取以下对策：

（1）建立安全管理制度。提高包括系统管理员和用户在内人员的技术素质和职业道德修养。对重要部门和信息，严格做好开机查毒、及时备份数据，这是一种简单、有效的方法。

（2）网络访问控制。访问控制是网络安全防范和保护的主要策略。它的主要任务是保证网络资源不被非法使用和访问。它是保证网络安全最重要的核心策略之一。访问控制涉及的技术比较广，包括入网访问控制、网络权限控制、目录级控制及属性控制等多种手段。

（3）数据库的备份与恢复。数据库的备份与恢复是数据库管理员维护数据安全性和完整性的重要操作。备份是恢复数据库最容易和最能防止意外的保证方法。恢复是在意外发生后利用备份来恢复数据的操作。有3种主要备份策略，即只备份数据库、备份数据库和事务日志、增量备份。

（4）应用密码技术。应用密码技术是信息安全核心技术，密码手段为信息安全提供了可靠保证。基于密码的数字签名和身份认证是当前保证信息完整性的最主要方法之一，密码技术主要包括古典密码体制、单钥密码体制、公钥密码体制、数字签名及密钥管理。

2）管理层面对策

计算机网络的安全管理，不仅要看所采用的安全技术和防范措施，而且要看它所采取的管理措施和执行计算机安全保护法律、法规的力度。只有将两者紧密结合，才能使计算机网络安全确实有效。

计算机网络的安全管理，包括对计算机用户的安全教育、建立相应的安全管理机构、不断完善和加强计算机的管理功能、加强计算机及网络的立法和执法力度等方面。加强计算机安全管理、加强用户的法律、法规和道德观念，提高计算机用户的安全意识，对防止计算机犯罪、抵制黑客攻击和防止计算机病毒干扰，是十分重要的措施。

3）物理安全层面对策

要保证计算机网络系统的安全、可靠，必须保证系统实体有一个安全的物理环境条件。这个安全的环境是指机房及其设施，主要包括以下内容：

（1）计算机系统的环境条件。计算机系统的安全环境条件，包括温度、湿度、空气洁净度、腐蚀度、虫害、振动和冲击、电气干扰等方面,都要有具体的要求和严格的标准。

(2)机房场地环境的选择。计算机系统选择一个合适的安装场所十分重要。它直接影响到系统的安全性和可靠性。选择计算机房场地,要注意其外部环境安全性、地质可靠性、场地抗电磁干扰性,避开强振动源和强噪声源,并避免设在建筑物高层和用水设备的下层或隔壁。还要注意出入口的管理。

(3)机房的安全防护。机房的安全防护是针对环境的物理灾害和防止未授权的个人或团体破坏、篡改或盗窃网络设施、重要数据而采取的安全措施和对策。为做到区域安全,首先,应考虑物理访问控制来识别访问用户的身份,并对其合法性进行验证;其次,对来访者必须限定其活动范围;第三,要在计算机系统中心设备外设多层安全防护圈,以防止非法暴力入侵;第四,设备所在的建筑物应具有抵御各种自然灾害的设施。

主要的防范措施是建设覆盖全国各级气象信息网络病毒防护体系,实现全网的统一升级、查杀、管理,防止病毒的交叉感染。包括网关级病毒防护,针对通过 Internet 出口的流量,进行病毒扫描,对邮件、Web 浏览、FTP 下载进行病毒过滤,服务器病毒防护,桌面病毒防护,对所有客户端防病毒软件进行统一管理等。

5.3 气象通信网络技术应用

以某省通信网络建设为例,介绍 SDH、VPN 网络技术在市、县级气象网络与省级网络优化连接中的应用。

从 2003 年开始某省气象部门建成了基于因特网的省、市、县 3 级 VPN 宽带网络,各地市和所辖县气象部门与省气象局采用 VPN 设备实现互联。省局通过一台路由器分别连接到市局路由器上,实现气象资料加密传输、视频会商、多普勒雷达产品等资料共享。

随着气象业务现代化的发展,气象信息(尤其是地面观测自动站资料的发送)对网络基础设施的依赖程度越来越高,由于省、地、县气象局 VPN 网络仍然存在着一些不稳定因素,造成 VP 报传输缺报和延迟时有发生,原有网络系统已经不能更好地满足气象业务发展的需求。迫切需要网络升级改造,为气象信息服务提供有力支撑。所以针对这些问题,某省气象局采用基于联通 SDH 的网络可作为主干网络,保留原先电信的 VPN 网络,作为一级备份线路,组建省、市、县 3 级的双备份气象宽带通信骨干网络。

1. SDH 主干通信网络实现

全省气象网络于 2009 年 9 月开始实施建设,11 月基本完成建设。整个网络主干线路建成以后,形成星型和树型相结合的结构,网络主链路采用联通网络 2M SDH(Synchronous Digital Hierarchy,同步数字体系)电路,网络内采用 OSPF 动态路由协议完成路由转发。省局以两台核心路由器连接到市局路由器,通过两路 155M 接入。各市局配置 3 层交换机,县局配置路由器。根据实际需求不同,市局通过 8 路通道化 E1 模块卡接入,县局通过 1 端口非通道化 E1 接口模块,用以满足台站连接的需求。建成后的通信网络充分满足了各种常规气象资料、视频会商、实景监控、办公网电子邮件等信息上传、下载,实现气象数据的高速传输,解决制约信息共享和网络可靠性和安全问题。截至目前为止,新网络系统业务运行情况稳定。

2. 主通信链路网络拓扑结构

某省气象局采用租用联通公司的 SDH 光纤线路,建成以省局信息中心为网络中心,若干个市气象局为汇聚节点,省局通过若干条 2M SDH 链路连接到市局;各市局通过若干条 2M SDH 链路连接所属县局,若干个县局为终端网络接点,构成树型 3 级气象信息主干网络。升级后网络结构如图 5.5 所示。

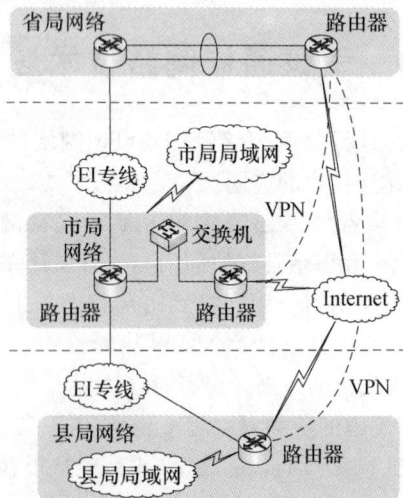

图 5.5　优化后的网络拓扑

3. 网络动态路由配置及自动切换

市局和省局交换机和路由器是整个网络系统中的区域边界路由设备,在市局路由上开启动态路由 OSPF 协议,所有设备都处于 AREAO。在全网实现动态路由后,由于动态路由协议的作用,它会把 VPN 隧道路由信息广播给路由器,并且 VPN 路由信息要比专线的路由权值低,所以正常情况下所有通信业务走 SDH 专线,当 SDH 主干线路出现故障时,能在很短的时间内将网络路由切换到 VPN 隧道路由(在安装调试过程中,经实际测试,切换时间在 10s 以内),完成市局网络对省局网络的连接;同样,如果专线线路恢复,那么路由器就会自动生成权值高的专线路由信息,所有的业务又都恢复到 E1 专线上,这样就可以实现动态线路的自动切换。

4. 县局线路连接情况

县局路由器 S2/0: 0 口接 E1 专线,联通线路与市局进行连接;f0/0 口连接互联网,走电信线路。在 E1 主线路没有断掉的情况下,业务数据走 E1 专线,日常上网访问数据走电信互联网线路。县局在路由器上做了 VPN 隧道路由到省局,利用 VPN 技术在互联网上实现数据加密传输,就像一条备用的虚拟专线,一旦联通主线路断掉,备用电信线路会承担起主线路的工作,切换过程在各设备间自动完成。

5. 市局线路连接情况

市级网络设备采用路由器作为汇聚点用以满足连接县局的需求,主要完成县局到市局、市局再到省局的 SDH 专线连通、汇聚,路由器中的插槽配有 8 路通道化 E1 模块,分别对应市局所辖县局,同时还有一对线路对应着省局,并保证有一定的端口余量满足以后需要。其中不同路由器连接 E1 专线与互联网线路,同时在 3 层交换机上合理设置静态、动态路由协议和 VLAN,该交换机分别连接不同路由器。正常情况下,局域网内的业务用机均通过 SDH 专网传输重要业务数据资料,VPN 用来接入 Internet 公网、传输视频会商和实景监控数据。由于路由器中配置了 VPN,从而在 VPN 通道上实现与省局的互通。一旦 E1 线路断掉,那么该交换机就会把业务数据放到路由器上,待专线故障恢复后,专线路由于 OSPF 优先级高于 VPN 路由优先级,所有路由均走 E1 专线。切换过程完全是在各设备间自动完成,无需人工参与,所以对用户来说是完全透明的。

6. 备份线路实现及技术

鉴于各台(站)有同时访问省局、市局网络的需求,为提高网络的稳定性和可靠性,通过综合考虑,市局保留原有的路由器,在县局路由器上配置 OSPF 动态、静态路由协议,建立基于 Internet 的 VPN 虚拟专用网备份电路。当 SDH 光纤出现故障,市县路由器自动切换备份端口,从而在 VPN 通道上实现省局、市局、县局 3 级网络的畅通。

7. 移动气象台通信接入

在移动气象台无线通信车内布置一台 3G 路由器,采用电信 3G 网络接入到 Internet,实现与互联网的互通。笔记本电脑终端采用 802. 11b/g 或者 WIFI 无线技术接入 3G 路由器,3G 无线路由器支持 IPsecVPN,可以根据需求开放不同的内网资源。利用 3G 无线路由器可以通过互联网与市局路由器实现 IPsec 互通,从而实现无线通信车内用户随时随地访问气象局专网的功能,提高了网络接入的安全性。

全省网络采用的动态路由协议为 OSPF 协议,所有设备目前都处于 AREA0。由于网络内路由设备比较多,为了减少 OSPF 协议报文在网络中的传递,提高网络带宽利用率,下一步应该对整个网络进行了合理区域划分,增加了 OSPF 报文验证,进一步增强网络的可靠性。在实际使用过程中,由于 Internet 上网、实景监控系统、V2 天气会商系统,占用大量业务带宽,应进行 QoS 设置,可有效解决网络中带宽瓶颈问题。

第6章 气象信息软件工程

6.1 气象信息软件工程内涵

6.1.1 软件工程概念

软件工程(Software Engineering,SE)是一门研究用工程化方法构建和维护有效的、实用的和高质量软件的学科。它应用计算机科学、数学及管理科学等原理,开发软件的工程并借鉴传统工程的原则、方法,以提高质量,降低成本。其中,计算机科学、数学用于构建模型与算法,工程科学用于制定规范、设计范型、评估成本及确定权衡,管理科学用于计划、资源、质量、成本等管理。

1. 软件工程的框架

软件工程的框架可概括为目标、过程和原则。

(1)软件工程目标。它指生产具有正确性、可用性及开销合宜的产品。正确性指软件产品达到预期功能的程度。可用性指软件基本结构、实现及文档为用户可用的程度。开销合宜是指软件开发、运行的整个开销满足用户要求的程度。这些目标的实现不论在理论上还是在实践中均存在很多有待解决的问题,它们形成了对过程、过程模型及工程方法选取的约束。

(2)软件工程过程。它指生产一个最终能满足需求且达到工程目标的软件产品所需要的步骤。软件工程过程主要包括开发过程、运作过程、维护过程。它覆盖了需求、设计、实现、确认及维护等活动。需求活动包括问题分析和需求分析。问题分析获取需求定义,又称软件需求规约。需求分析生成功能规约。设计活动一般包括概要设计和详细设计。概要设计建立整个软件系统结构,包括子系统、模块以及相关层次的说明、每一模块的接口定义。详细设计产生程序员可用的模块说明,包括每一模块中数据结构说明及加工描述。实现活动把设计结果转换为可执行的程

97

序代码。确认活动贯穿于整个开发过程,实现完成后的确认,保证最终产品满足用户的要求。维护活动包括使用过程中的扩充、修改与完善。伴随以上过程,还有管理过程、支持过程和培训过程等。

（3）软件工程的原则。它是指围绕工程设计、工程支持及工程管理在软件开发过程中必须遵循的原则。

2. 软件工程遵循的原则

围绕工程设计、工程支持及工程管理,软件工程应遵循以下 4 条基本原则：

1）选取适宜的开发模型

该原则与系统设计有关。在系统设计中,软件需求、硬件需求及其他因素间是相互制约和影响的,经常需要权衡。因此,必须认识需求定义的易变性,采用适当的开发模型,保证软件产品满足用户的要求。

2）采用合适的设计方法

在软件设计中,通常需要考虑软件的模块化、抽象与信息隐蔽、局部化、一致性及适应性等特征。合适的设计方法有助于这些特征的实现,以达到软件工程的目标。

3）提供高质量的工程支撑

工欲善其事,必先利其器。在软件工程中,软件工具与环境对软件过程的支持颇为重要。软件工程项目的质量与开销直接取决于对软件工程所提供的支撑质量和效用。

4）重视软件工程的管理

软件工程的管理直接影响可用资源的有效利用,生产满足目标的软件产品以及提高软件组织的生产能力等问题。因此,仅当软件过程予以有效管理时,才能实现有效的软件工程。

6.1.2　气象信息软件开发基础

气象信息软件的开发是按阶段进行的,一般划分为以下阶段：可行性分析、需求分析、系统设计、编码、系统测试、编制文档资料系统的运行与维护,软件开发过程中要明确各阶段的工作目标、实现该目标所必需的工作内容及达到的标准。

1. 可行性分析

明确气象信息系统的目的、功能和要求,了解目前所具备的开发环境

和条件,分析的内容有以下几点:

(1) 在技术能力上是否可以支持。

(2) 在经济上效益如何。

(3) 在法律上是否符合要求。

(4) 与部门、企业的经营和发展是否吻合。

(5) 系统投入运行后的维护有无保障。

可行性讨论的目的是判定软件系统的开发有无价值,分析和讨论的内容形成"系统开发计划书",主要内容有以下几点:

(1) 开发的目的及所期待的效果。

(2) 系统的基本设想,涉及的业务对象和范围。

(3) 开发进度表,开发组织结构。

(4) 开发、运行的费用。

(5) 预期的系统效益。

(6) 开发过程中可能遇到的问题及注意事项。

2. 需求分析

需求分析是气象信息软件系统开发中最重要的一个阶段,直接决定着系统的开发质量和成败,必须明确用户的要求和应用现场环境的特点,了解系统应具有的功能、数据的流程和数据之间的联系。需求分析应有用户参加,到使用现场进行调研学习,软件设计人员应虚心向技术人员和使用人员请教,共同讨论解决需求问题的方法,对调查结果进行分析,明确问题所在。需求分析的内容编写成"系统需求分析报告"。

3. 系统设计

气象信息系统设计可根据系统的规模分成概要设计和详细设计两个阶段。概要设计包括以下内容:

(1) 划分系统模块。

(2) 每个模块的功能确定。

(3) 用户使用界面概要设计。

(4) 输入输出数据的概要设计。

(5) 报表概要设计。

(6) 数据之间的联系、流程分析。

(7) 文件和数据库表的逻辑设计。

(8) 硬件、软件开发平台的确定。

（9）有规律数据的规范化及数据唯一性要求。

系统的详细设计是对系统的概要设计进一步具体化,其主要工作有以下内容:

（1）文件和数据库的物理设计。

（2）输入输出记录的方案设计。

（3）对各子系统的处理方式和处理内容进行细化设计。

（4）编制程序设计任务书。

程序说明书通常包括程序规范、功能说明、程序结构图,通常用 HPI-PO(Hierarchy Plus Input Process Output)图描述。

4. 编码

根据程序设计任务书的要求,用计算机算法语言实现解题的步骤,主要工作包括以下内容:

（1）模块的理解和进一步划分。

（2）以模块为单位的逻辑设计,也就是模块内的流程图的编制。

（3）编写代码,用程序设计语言编制程序。

（4）进行模块内功能的测试、单元测试。

程序质量的要求包括以下内容:

（1）满足要求的确切功能。

（2）处理效率高。

（3）操作方便,用户界面友好。

（4）程序代码的可读性好,函数、变量标识符合规范。

（5）扩充性、可维护性好。

降低程序的复杂性也是十分重要的。系统的复杂性由模块间的接口数来衡量,一般地讲,n 个模块的接口数的最大值为 $n(n-1)/2$;若是层次结构,n 个模块的接口数的最小值为 $n-1$。为使复杂性最小,对模块的划分设计常常采用层次结构。要注意编制的程序或模块应容易理解、容易修改,模块应相互独立,对某一模块的修改应对其他模块的功能不产生影响,模块间的联系尽可能少。

5. 系统测试

测试是为了发现程序中的错误,对于设计的软件,出现错误是难免的。系统测试通常由经验丰富的设计人员设计测试方案和测试样品,并写出测试过程的详细报告。系统测试是在单元测试的基础上进行的,包括:

（1）测试方案的设计。

（2）进行测试。

（3）写出测试报告。

（4）用户对测试结果进行评价。

6. 编制文档资料

文档包括开发过程中的所有技术资料以及用户所需的文档,软件系统的文档一般可分为系统文档和用户文档两类。用户文档主要描述系统功能和使用方法,并不考虑这些功能是怎样实现的,系统文档描述系统设计、实现和测试等方面的内容。文档是影响软件可维护性、可用性的决定性因素,有句话讲,系统编程人员的每一张纸片都要保留,所以文档的编制是软件开发过程中的一项重要工作。

系统文档包括开发软件系统在计划、需求分析、设计、编制、调试、运行等阶段的有关文档。在对软件系统进行修改时,系统文档应同步更新,并注明修改者和修改日期,如有必要应注明修改原因,应切记过时的文档是无用的文档。

用户文档包括:

（1）系统功能描述。

（2）安装文档,说明系统安装步骤以及系统的硬件配置方法。

（3）用户使用手册,说明使用软件系统方法和要求,疑难问题解答。

（4）参考手册,描述可以使用的所有系统设施,解释系统出错信息的含义及解决途径。

7. 系统的运行与维护

系统只有投入运行后才能进一步对系统检验,发现潜在的问题为了适应环境的变化和用户要求的改变,可能会对系统的功能、使用界面进行修改。要对每次发现的问题和修改内容建立系统维护文档,并使系统文档资料同步更新。

6.2 软件工程在气象业务平台
建设中的应用

气象业务平台建设在气象多轨道业务和业务服务体系建设中起着重要作用,而软件开发又是业务平台建设的主要内容和关键环节。应用软件工程方法可以为建立高质量的业务服务软件系统提供良好的框架和基础保障。本节以开发"气象信息数据库系统及市县业务服务综合业务体系"为例,阐述软件工程在业务平台软件开发中的应用效果。

6.2.1 主要功能和技术路线

系统的主要功能包括以下 3 个方面:

(1)建立市气象信息数据库。数据库设计在数据库管理系统上完成,数据库主要包括预报产品库、历史资料库和加密雨量库等。编写了大量存储过程,为应用程序访问提供了便利的接口。

(2)建立综合业务服务制作系统。按照预报服务业务流程和预报员日常工作习惯,整合市气象台所有预报服务业务,以后台数据库作为技术支撑,用.Net 技术开发而成。其主要功能包括预警信号发布、决策服务材料上网入库、短时预报、城镇预报和 72h 分县预报等各种预报产品的预报制作平台和常规预报服务产品自动分发入库。

(3)建立市加密雨量监测系统。以气象信息数据库为基础,采用Net 技术开发。每日自动处理所有加密雨量点和若干个自动气象站雨量信息,可进行任意时段雨量查询和显示,并提供雨量信息的 MODIS 地图显示和打印输出。

系统的体系结构以气象信息数据库系统为核心,以 B/S(浏览器/服务器)模式为主、C/S(客户端/服务器)模式为辅。采用面向对象技术,模块化设计。

数据库结构设计依照 3NF(第三范式)进行,为客户程序访问提供方便,应用程序充分利用 COM 和.Net 组件技术,采用模块化设计,提高代码复用率,为后期维护提供便利。根据气象业务需要,应用程序分为 Windows 应用程序、Web 应用程序、Windows Service 应用程序和 Win32 Console 应用程序等。使用了多线程同步技术,避免了因网络繁忙、负载过大而造成的无响应现象。

6.2.2 软件工程方法应用

项目从开始到结束严格遵循软件工程方法。

(1)定义阶段。通过与业务服务人员充分交流和沟通,深入了解业务服务需求,明确系统要解决的问题。例如,预报员日常手工劳动、重复劳动过多,需要利用先进的信息网络技术实现自动化;历史气候资料、业务服务产品需要整合,方便调阅使用;网站手工发布业务服务产品极不方便;日常值班需要有明确流程指引,记录整个过程;加密雨量站、自动站等数据格式需要规范;如何对县局进行更好的业务服务指导,包括常规和专题服务;如何更好地为社会公众服务。

(2) 开发阶段。建立全市气象信息数据库,包括业务服务产品数据库、历史资料数据库。建立市级业务服务综合业务平台、加密雨量显示等应用系统。完成市级业务服务指导内部网站"天气监测预警网",全面改版"气象信息网"网站。

(3) 支持阶段。气象业务服务人员使用业务服务综合平台、加密雨量显示系统和指导产品网站过程中反馈了大量问题,有数据格式问题,也有不符合工作习惯的,还有业务调整带来的模块变化等,基于工程化的开发模式,开发人员都给予及时解决。

6.3 软件工程在气象预报系统中的应用

气象部门现代化建设发展迅速,就省级气象部门来说,硬件功能的大幅度提高和设备种类的迅速增多,为气象预报业务提供了强大的技术支撑,也为气象预报业务系统软件工程建设提供了全新的天地,同时对业务系统软件工程提出了更高的要求。只有统筹规划、科学组织、合理调配,才能高效完成开发任务,使软件系统取得更高的实用性能,才能充分满足气象预报业务的需求。着眼于气象预报业务的发展趋势和未来需求,从系统工程的角度,针对气象预报业务软件系统开发应遵循的原则进行了探讨,并提出了可行的技术措施。

6.3.1 需求分析

在传统预报领域,随着社会和经济的发展,人们对气象预报的种类和时间、地域、量值精度要求越来越高。以"定时、定点、定量"为标志,更高时间、空间分辨率的精细化预报成为时代发展的迫切要求。近年来一些省份已经正式发布了精细化预报的初步产品。不同时段的预报产品正在向无缝连接方向发展,临近、短时、短期、中期预报、短期气候预测逐步实现全程覆盖、滚动更新。面雨量预报、气象次生灾害预报、生活环境预报、重大社会活动、工程保障预报、专项抢险预报等新需求也在不断增长,预报产品的形式日益多样化。

1. 气象预报系统人员特点

目前省级气象部门大多没有专职软件开发人员岗位设置,而其他单位开发者难以实现,气象预报业务软件开发工作基本由气象预报业务人员自身承担,即省气象台预报业务人员承担。

一般情况下,预报业务人员多数具有天气气候专业背景,对气象预报理论和业务了解比较深刻。其优点在于:对业务需求认识明确,对软件系统应具备的功能定位准确,对软件的工作与开发环境相当熟悉,一般不会出现理论或原则性错误。在软件开发过程中,实现方法简洁明快,针对性与目的性很强。经过一定的实践过程后,对于中、小型软件开发速度较快。同时对软件维护的组织相对方便。

但预报专业人员在软件开发工作中也表现出了明显的弱点,最突出的方面在于对软件工程基本知识了解欠缺。如果不能及时总结经验充实提高,则影响软件开发的水平,对大、中型复杂软件系统来说,影响更为巨大。

所以从气象业务发展的长远角度考虑,选派具备发展潜质的预报人员攻读信息技术学位,为大、中型预报软件系统开发储备复合型人才,建设结构合理的技术队伍,具有重要的战略意义。软件开发的本质,是通过编程人员艰苦的脑力劳动,将预定工作按照逻辑关系有机地组织起来,使其自动完成一定任务。

2. 目前气象预报软件的特点

(1) 所需资料种类多样性,数据量巨大性。随着技术的进步,气象业务可获取的资料呈几何级数大幅增长。社会需求的提高,要求气象业务预报软件必须充分利用一切相关资料。仅以多普勒雷达资料为例,在几分钟到十几分钟之内,即可生成几兆位到几十兆位的资料。考虑其他气象资料,如气象卫星、自动气象站、数值预报产品等,信息量更为巨大。

(2) 时间要求的迫切性。气象预报的社会、经济效益在很大程度上体现在时效性上,灾害性天气预报、警报的表现更为突出。中小尺度天气系统引发的气象灾害极为迅猛,只有在其十几到几十分钟的生命周期内完成监测、预警过程,才能有效减轻灾害。

（3）软件系统的可靠性。受探测设备、通信系统的影响，业务上无法完全保证资料的完整性和及时性。在无法及时获得某些资料的情况下，也必须保证系统的正常工作能力。

（4）开放性与可扩充性。中国气象部门正处在高速发展中，新设备、新资料增长迅速。以此为基础，新系统、新方法不断建立完善。业务系统与多种探测手段、多种资料相联系，受发展、变化的影响很大。必须着眼发展，才能保证系统的工作寿命。

（5）软件的易维护性。为了提高维护效率，杜绝目前气象部门软件开发使用过程中，只有开发者才能够进行维护的不良现象，在软件开发时必须从程序的可理解性出发，利用结构化程序设计技术，健全程序设计思想，建立完整的技术文档，从而保证系统的易维护性。

6.3.2 软件系统开发技术

软件必须具有优良的特性才能较好地满足实际需要。应该具有开放性、可移植性、可靠性、易读、易更改性、可扩充性、简洁性、一致性、灵活性等。软件开发过程中必须采取一定的技术措施，才能使软件具有这些性质。下面结合编程实例，讨论实现的可行途径。

（1）开放性与可移植性。业务的不断拓展，要求业务系统软件必须随之变化。软件的灵魂在于算法，算法实现的关键在于变量。一般预报业务人员习惯性地认为：变量仅仅存在于程序内部，这只是一个片面浮浅的认识。因为程序必须在一定的平台下运行，必然受到工作环境的影响，所以只有将运行平台的环境作为变量——包括硬件和软件两个方面，才能保证程序的开放性与可移植性。开放性与可移植性不佳的常见例子，是输入输出路径、文件名等变化造成软件运行故障。事实上这一问题很容易解决，将其作为变量，即向程序传递相关参数，就可以避免此类故障。在实践中有两种途径可以实现：一是设置命令行参数；二是设置关键变量配置文件。其中设置配置文件更为方便。关键变量存储于配置文件中，可使一般更改隔离于程序代码之外，无需修改程序代码、无需编译即可立即实现变更调整。

（2）可靠性。这一性质是业务应用软件的必然需求，只有足够健壮的软件才能保证业务的正常开展。软件的可靠性表现在几个方面，如内存、硬盘资源的有限性，即不能够无穷尽地消耗。如实时动态监测软件，往往一直运行、多次触发。一旦内存开销出现单纯累加现象,就会耗尽内存,所以随时释放使用过的内存相当重要。硬盘的存储空间相对较大,但业务的支出也相当可观,应该在使用之前预先检测可用空间。其他一些常见的问题也会影响到软件的可靠性,如被零除、文件访问错误等。这些都是致命错误,会直接造成软件崩溃。预先进行相关测试,并设置异常处理出口,对故障进行遮断就可以避免这类事故。

（3）易读性。实践证明,无论预先考虑多么周全,也难以保证软件完全不出故障。而且业务上的变动、更新也非常频繁,所以为顺利完成变动、更新,保持程序的易读性至关重要。虽然开发人员宁可自己编写新程序,也不愿意修改别人的程序,但在很多情况下,却不得不花费大量的时间与精力,进行艰苦的逻辑猜谜。任何一个开发者都清楚,自己编写的业务软件如果不被淘汰,总会面向某个程序员,很有可能就在不远的将来,自己不得不面对自己留下的难题。所以养成良好的编程习惯非常重要,否则会害人害己。但很多人的惰性却极为顽固,宁肯留下艰涩难懂的天书,也不愿把自己的工作整理得更规范一些。

（4）易更改与易扩充性。同样为了满足业务变更、发展的需求,软件应该易于更改,否则其生命周期将大打折扣。易更改性要求软件开发严格按照模块化方式进行,并且在模块中根据可能的情况设置不同的控制参数。

（5）简洁性。程序应该用最简洁的方式实现预定目标。一般来说,一个问题总有多种解决方法,其编程的代价各不相同。实现简洁,首先必须全面掌握所用语言的各种控件、功能、函数、方法及属性。只有深入掌握语言,才能充分利用编程资源,编写出简洁、高效、可靠的软件。其次应该根据具体问题,对不同方法进行对比分析,选择最优方案。

（6）一致性。共同项目开发过程中,一致性非常重要。如果具备较好的一致性,软件工程就能取得迅速的进展,反之就需要在调整、集成方面消耗大量的工作量。

（7）灵活性。尽量减少对用户的限制性规定,给予使用者最大限度的空间,而保持软件的正常运行。例如,在配置文件中,可能有很多项目,应该允许用户根据需要加入说明,也应该允许存在空行,更应该允许用户在任何一行设置某一参数,而不会影响程序的正常读取。

6.4 气象信息软件工程综合应用

本节以气象信息综合管理系统为例,介绍气象信息软件设计与开发的相关技术,包括系统需求分析、系统体系结构设计、数据库设计、系统功能的实现、系统的维护和系统的测试等内容。

6.4.1 系统需求分析

气象信息综合管理系统的主要任务是收集、处理现有的气象历史和实时资料,并对其进行分析、整理、挖掘,利用飞速发展的互联网,使之不仅为专业的气象人员所用,广大公众也能通过有效的渠道获得,改变当前气象历史和实时资料仅仅是作为保存在磁盘上的电子文档或者纸质文档,仅仅是专业的气象部门才能使用的局面。

1. 常规气象观测资料介绍

随着气象学、气象观测技术手段的飞速发展,气象部门观测的数据种类越来越多,包含的气象要素也越来越纷繁复杂。但平时与人们生活、生产活动息息相关的主要是气温、气压、湿度、风场、降水、地面温度等基本的气象观测要素。本节选择一些常规气象观测资料作简单的介绍,主要内容如图6.1所示。

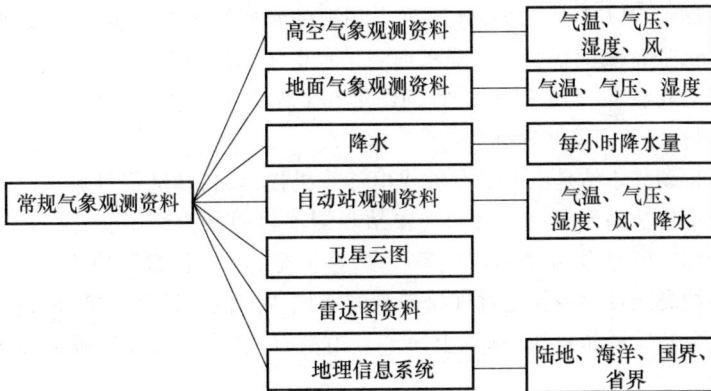

图 6.1 常规气象观测资料结构

1) 高空气象观测资料

高空气象观测借助仪器对自由大气中各种高度的气象状况进行观察

和测定。观测项目有空气温度、湿度、气压和风速等。主要的探测工具有无线电探空仪和测风气球，以及气象飞机、气象火箭和气象卫星等。

高空气象观测资料最后汇总到气象信息中心以报文的形式提供给大家使用。必须将其进行解码、除错，分解成温度、湿度、气压和风等气象要素，存储到数据库中，以便分析使用。

2）地面气象观测资料

地面气象观测用目力和借助仪器对云和近地面的大气状况及其变化进行连续的、系统的观察和测定。观测项目有大气压力、空气温度、湿度、地表温度、地中温度、风、降水、云量、云状、能见度、辐射、日照、蒸发、积雪、电线积冰等天气现象。除气压外，地面气象观测都在观测场内进行。国家基本站每天进行 2 时、8 时、14 时、20 时 4 次观测，昼夜守班。地面气象观测资料最后汇总到气象信息中心以报文的形式提供给大家使用，必须将其进行解码、除错，分解成大气。

压力、空气温度、湿度、地表温度、地中温度、风、降水、云量、云状、能见度、辐射、日照、蒸发、积雪、电线积冰等气象要素，存储到数据库中，以便分析使用。

3）降水量观测

对天空降落的液态(雨)和固态(雪、雹)水量的观测和记录。各种形式的降水均以其承受地点水平面上积聚的水层深度来表示，其计量单位为 mm，通常测记 0.1mm。降水观测是水资源的最重要的基础资料之一，对于工农业生产、水利开发、江河防洪和工程管理等方面作用很大。

4）自动气象站观测资料

自动气象站是由电子设备或由计算机控制，自动进行气象观测和资料收集传输的气象站。自动气象站观测项目通常为气压、气温、相对湿度、风向、风速、雨量等基本气象要素，经扩充后还可测量其他要素。自动气象站观测资料主要是对气象观测的地域范围做了极大的扩展，目前自动气象站发展非常快，基本上每个乡镇都有，这为基层气象服务奠定了基础。

5）卫星云图

卫星云图主要来自于我国风云二号气象卫星，用以观察云层的情况。

6）雷达图资料

用于观测局地范围内的云层情况，主要应用于短临天气预报。

7）地理信息系统

地理信息系统（Geographic Information System，GIS）是一种在计算机软件、硬件及网络支持下，对有关空间数据进行预处理、输入、存储、查询检索、处理、分析、显示、更新和提供应用以及在不同用户、不同系统、不同地点之间传输地理数据的计算机信息系统。本章中的气象资料图形就是结合了地理信息系统绘制而成的，提供给用户准确的地理位置参考。

由于气象要素的分析具有一定的地理范围要求，因此结合地理信息系统，预设如图 6.2 所示的地域范围结构，要求能按照图 6.2 预设区域示意图所示的区域范围，将气象要素按照时间序列（年、月、旬、日、时）处理成空间分布图，并发布到服务器上供查询使用。

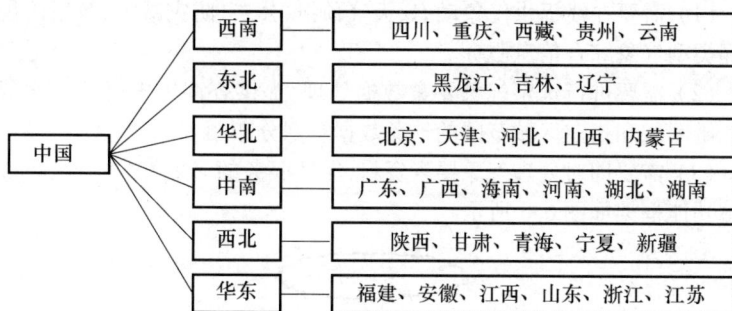

图 6.2　气象要素空间分布图像处理区域预设框图

2. 系统的功能需求

由于气象信息具有即时性，对于信息服务来说，公众能得到数据越及时越好。实际情况是在省气象局层面上，数据总是首先由气象信息中心先获得最新数据，并经过处理才能提供给其他各部门。经过充分的调研和论证，气象信息综合管理系统需要实现以下功能和要求：

（1）系统要符合当今信息共享、信息服务的需求，顺应互联网发展的趋势，要求使用 B/S 模式来实现气象信息综合管理系统。

（2）实现气象要素按照区域（省市县乡）、时序（时、日、旬、月）的二维图显示功能，实现气象要素二维图的快速查询。

（3）实现气象要素按照预定的区域范围和时序（时、日、旬、月）进行空间分布图形化处理，实现气象要素空间分布图像的快速查询。

（4）实现处理新闻类型的气象综合信息的"采、编、发"信息管理流程,实现气象综合信息的浏览和查询。

（5）编写处理温、湿、气、压、降水等数据的气象数据处理程序。必须在气象信息中心处理完数据的 30min 内完成数据入库,如有缺报等情况,则必须进行手工补报,确保数据完整性;气象数据处理程序的运行尽量做到全自动化,无需人工干预。

（6）实现整个系统各功能模块的整合,提供统一的用户浏览界面。

6.4.2 系统设计

1. 系统体系结构设计

气象信息综合管理系统的基本功能包括以下 3 点:

（1）需要在线提供气象动态、天气预报、公告、防灾减灾、政策法规等新闻类型气象综合信息服务。

（2）需要进行选定气象要素数据处理,提供查询历史气象要素资料的二维图像和指定区域范围的气象数据空间分布图。

（3）需要即时处理气象要素资料,保证服务的时效性。为此,系统的整体功能框架如图 6.3 所示。

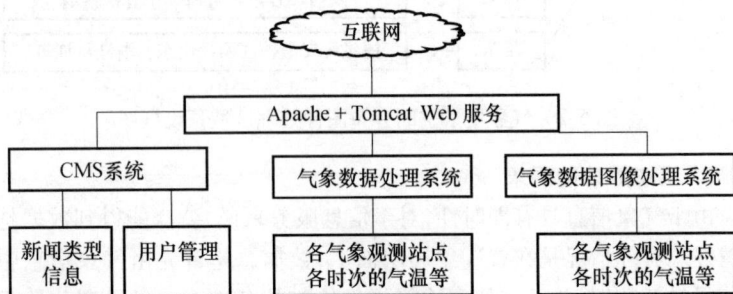

图 6.3　系统整体功能框架

整个气象信息综合管理系统通过 Web 向广大用户提供气象查询服务,主要包含气象数据处理系统、气象数据图像处理系统和内容管理系统 3 个子功能模块。业务流程如图 6.4 所示。

1）气象数据处理系统

本子系统主要完成相关气象数据入库,基于各观测站点的每小时气象观测资料,建立时、日、旬、月、年等时间范围的相关气象要素资料库,同时完成数据补缺的功能。气象数据处理系统的功能结构如图 6.5 所示。

110

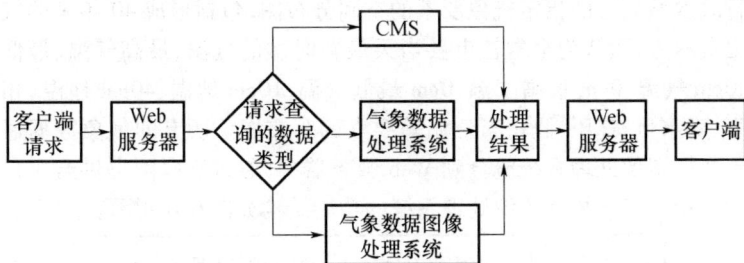

图6.4 气象信息综合管理系统业务流程

所有的气象数据通过气象数据处理系统整合到 Web 服务器中,通过互联网提供给用户浏览和使用。

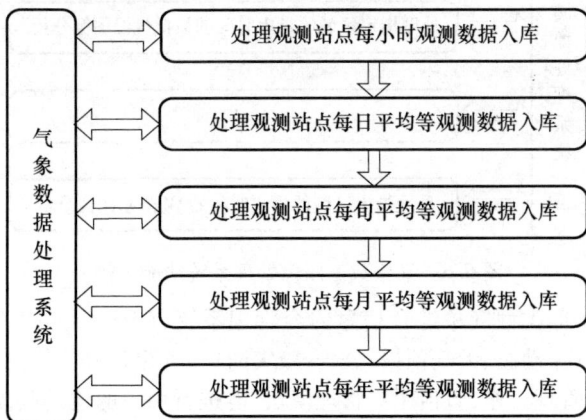

图6.5 气象数据处理系统功能结构

2)气象数据图像处理系统

气象数据图像处理系统又分为两个子系统,分别是气象数据二维图像处理系统和气象数据地理图像处理系统。功能分别如下:

(1)气象数据二维图像处理系统,接受网站用户指定查询请求,完成某个行政区域(具体到某个气象观测站点)按时间尺度的气象历史数据的二维图像绘制,包括形成40年来的气象历史资料库,默认提供近一个月来全省各市县各时次的气温、最高气温、最低气温、0cm 气温、0cm 最高气温、0cm 最低气温、10cm 地温、40cm 地温、相对湿度、降水量、气压、假相当位温等数据。

(2)气象数据地理图像处理系统,接受网站用户指定查询请求,完成

111

按行政区域划分的指定气象要素的空间分布图,包括形成40年来的气象历史资料库,默认为全省各市县当天最新时次的气温、最高气温、最低气温、0cm 气温、0cm 最高气温、0cm 最低气温、10cm 地温、40cm 地温、相对湿度、降水量、气压、假相当位温等要素的分布图。所有的气象数据通过气象数据图像处理系统整合到 Web 服务器中,通过互联网提供给用户浏览和使用。气象数据图像处理系统的功能结构如图 6.6 所示。

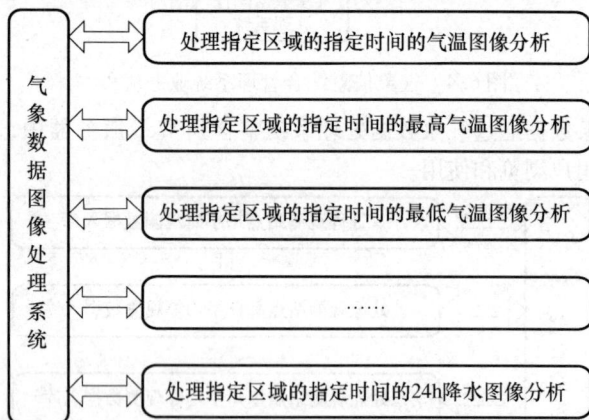

图 6.6　气象数据图像处理系统功能结构

（3）新闻类型气象综合信息内容管理系统（CMS 系统）。CMS 系统主要完成气象动态、天气预报、公告、减灾防灾、气象科普等信息的增、删、改、发布等管理工作,包括用户管理模块,能进行用户的增、删、改等操作,能对用户进行用户组的设置和相应操作权限设置,以及实现数据库备份工作。内容管理系统的功能如图 6.7 所示。

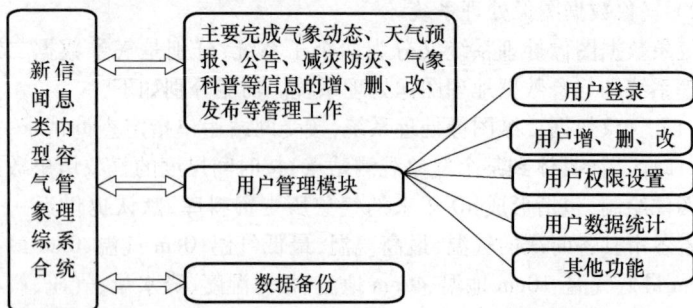

图 6.7　新闻类型气象综合信息内容管理系统功能

112

气象信息综合管理系统主要采用 Apache + Tomcat 软件来建立 Web 服务器,其主要功能包括整合所有气象信息服务、提供用户界面、提供运行 Java Servelet 的环境、搭建 Web 站点。由 Apache 作为 Web 服务器,而 Tomcat 则作为 Java Servelet 和 JSP 页面运行的容器。

2. 数据库设计

通过对气象数据进行研究分析,将气象数据分为了以下几类:

(1)常规气象观测数据。常规气象观测数据包括气温、湿度、气压、风场、云等的观测数据。这些数据按照气象业务的规章制度规定按时观测、上传、保存、分发。通过分析这些数据,结合常用的月、旬、日、时的时间概念,按照时间序列来对气象数据进行分类。

(2)气象服务产品。其主要包括常规预报、数值预报产品、短信、视频信息等。

(3)新闻类气象综合信息。其主要包括气象动态、气象科普、教育培训、气象情报等文字、文档类型的信息。

6.4.3 系统功能的实现

1. 气象数据处理系统

全部原始气象数据来自于气象信息中心,然后由数据处理程序通过内部网络获取原始数据,经过解码、除错、运算处理等步骤,最后输入到气象要素数据库系统保存。气象数据入库流程如图 6.8 所示。

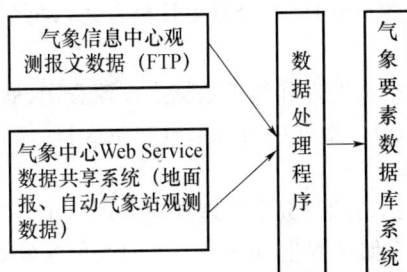

图 6.8　气象数据入库流程

其中气象要素数据库系统是系统的基础,数据处理程序是保证数据正确的关键。数据处理程序的任务如下:

(1)数据处理程序在预定的时间点进行数据处理。

（2）数据处理程序将原始报文进行解码,分解成温、湿、气、压、风等气元数据。

（3）根据预定数据规则去除异常数据。

（4）将数据录入气象要素数据库。

（5）由于气象数据的观测都有规定的时间点,一般是小时正点,因此气象数据处理程序通常情况下只需要处理最新的气象观测报文数据。

（6）在报文数据处理时碰到的问题是相当多的原始报文,常常不能在规定的时间内准时到达气象信息中心,未在正点上报的观测数据会进行补报,因此就存在着数据补录的问题。数据处理程序在正点资料处理完成后,需要重新再进行数据补录。数据处理程序可以对指定时间点的数据进行处理,完成数据补录。

（7）在增加了观测点的每小时观测数据后,根据系统功能要求,系统还需要形成观测点的日、旬、月统计数据。为了减少编写程序的难度,系统利用了 Oracle 数据库的存储过程来实现这些数据的形成。在特定的时间点上,程序利用最基础的小时观测数据,生成日、旬、月数据。

“日数据”是按照每天00Z ~ 24Z 时间段,在每天的23Z 时间点开始生成当天的日数据。

“旬数据”是每个月分成上旬(1 日 ~ 10 日)、中旬(11 日 ~ 20 日)、下旬(21 日至月底),根据月份不同、时间不同,每个旬的最后一天形成当旬的旬数据。

“月数据”是按照自然月(每个月 1 日至月底),每个月的最后一天形成当月的月数据。

图 6.9 所示的报文处理和气象数据生成流程图,展示了气象数据处理程序的工作过程,以及根据小时气象资料生成日、旬、月气象要素数据的过程。

通过使用 Java 语言编写数据处理程序处理每小时观测资料,再结合数据库的触发器和存储过程生成日、旬、月的气象要素数据,实现了气象原始数据的处理入库工作。由于每个小时都要启动数据处理程序来进行数据处理,本系统使用 Windows 系统自带的“任务计划”功能,实现了定时启动数据处理程序来完成数据处理任务。如果程序在 Linux 系统下运行,可以使用系统自带的 Crond 服务来完成定时处理任务。

（1）气象数据处理系统处理数据入库程序类图描述如图 6.10 所示。

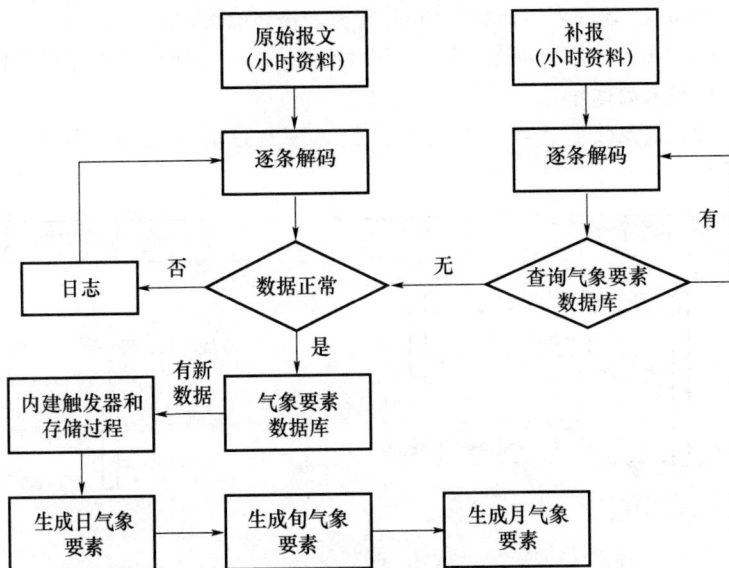

图 6.9　报文处理和气象数据生成流程

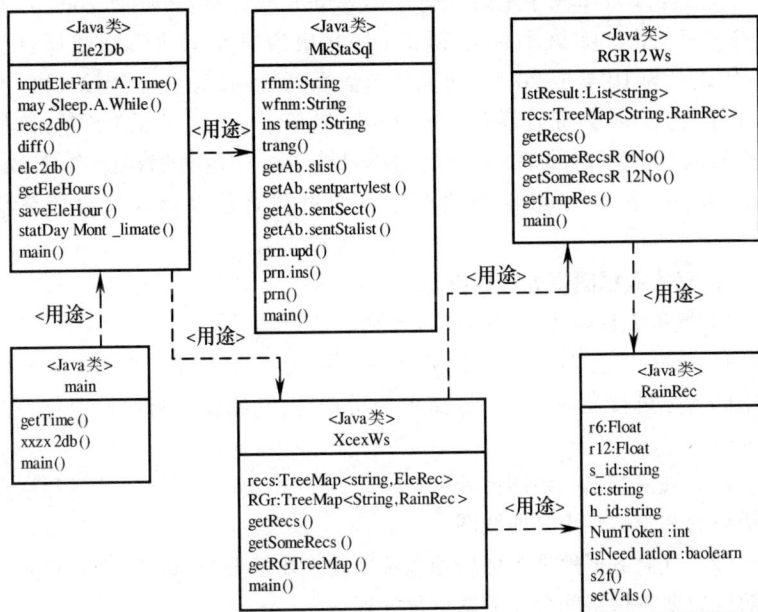

图 6.10　气象数据处理系统处理数据入库程序类图描述

Main 类:程序入口,获取时间并转换为格林威治时间。

Ele2DB 类:对时间进行控制,避免输入错误的时间;调用存储方法,存储数据入数据库。

(2)气象数据处理系统处理数据入库程序时序图描述如图 6.11 所示。

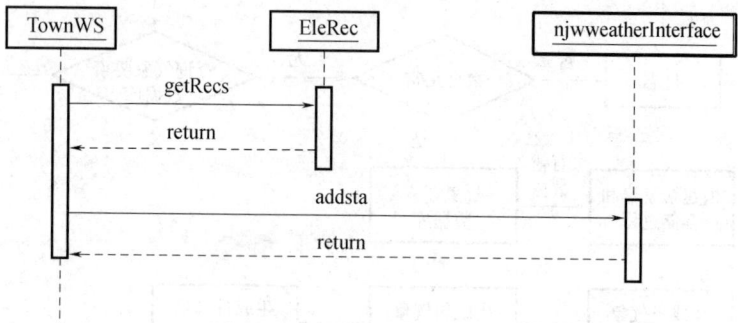

图 6.11　气象数据处理系统处理数据入库程序时序图

该数据库入库程序定时在每小时 40min 准时执行,耗时 2min 左右完成入库工作。如该小时为 20 时(格林威治时间 12 时)则统计日数据;如该日为 10 号或 20 号,则统计旬数据;如该日为月末,则统计旬数据和月数据。该入库程序每小时 40min 执行,入口为 TownWS 类,该类对获取时间,使用 getRecs 方法通过 WebService 获取数据存储到 EleRec TreeMap,然后使用 addsta 方法调用存储过程将数据存入气象要素数据库。

2. 气象数据图像处理系统

1)气象数据图像处理的数据流程

在完成了气象数据分类整理并入库保存后,就可以对气象要素数据库中的数据进行查询了。根据需求分析知道,气象要素图像处理分为两个部分。

(1)气象数据二维图像处理系统。其主要是按时间轴对某观测站点的历史观测资料画出其曲线图。

(2)气象数据地理图像处理系统。其主要是按照地理范围和时间尺度对气象要素做空间分布的图形化处理。

两个子系统的数据流程如图 6.12 所示。

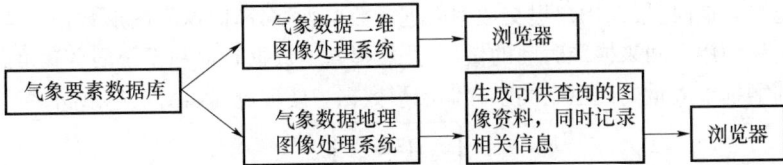

图 6.12　气象数据图像处理系统数据流程

2）气象数据二维图像处理系统的设计与实现

图 6.13 给出了气象数据二维图像系统实现用户查询的任务流程。用户在页面上进行查询条件的组合选择,完成后提交,气象数据二维图像处理系统利用用户提交的数据在气象数据库中进行查询,如果有符合条件的数据,则交由 OpenFlashChart 组件进行二维图形绘制,最后返回结果给用户。这样就成功地完成了一次任务。每次系统返回按时、日、旬、月时间轴生成气象要素曲线图和一个时间轴距平图。

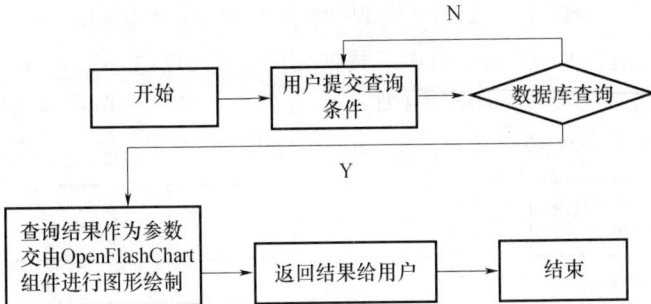

图 6.13　气象数据二维图像系统实现用户查询的任务流程

如前所述,当查询到有符合条件的数据,则交由 OpenFlashChart 组件进行二维图形绘制。

3）气象数据地理图像处理系统

图形的实时运算需要耗费大量的计算机资源,包括处理器、磁盘、内存,而系统实现几乎从全国范围、区域范围、省、市、县、乡的地域范围的气象数据图形分析资料查询。如果采用实时处理用户的请求,在用户请求量不大的情况下效率也许还能接受,一旦上线后遇到大量查询,系统不可避免的会使性能大降,最后导致无法完成服务目标。系统采用了预先处理数据,完成图形生成,存储到 Web 服务器的相关目录中,并将图形相关数据类型、存储路径、时间信息、地域范围等信息记录到数据库中,在用户

117

提交查询时,根据用户提交数据来进行数据查询处理,返回图形数据。这是一种用空间来换取时间的做法,虽然提高了数据查询和系统服务速度,却牺牲了大量的磁盘空间来存储图形数据。处理流程如图 6.14 所示。

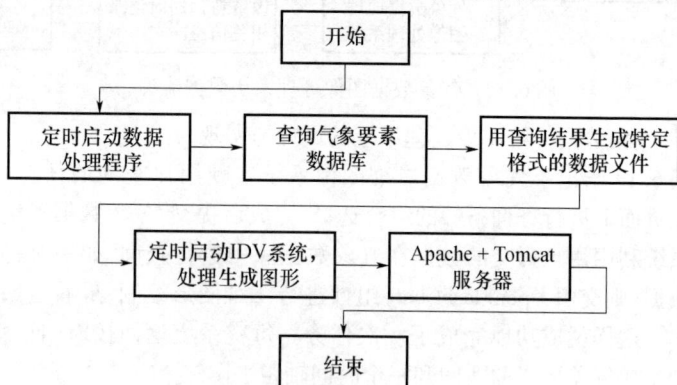

```
                        ┌──────────┐
                        │   开始   │
                        └──────────┘

┌──────────────┐      ┌──────────────┐      ┌──────────────┐
│ 定时启动数据  │─────▶│ 查询气象要素  │─────▶│ 用查询结果生成特定│
│ 处理程序      │      │ 数据库        │      │ 格式的数据文件 │
└──────────────┘      └──────────────┘      └──────────────┘

┌──────────────┐      ┌──────────────┐
│ 定时启动IDV系统,│────▶│ Apache + Tomcat│
│ 处理生成图形   │      │ 服务器        │
└──────────────┘      └──────────────┘

                        ┌──────────┐
                        │   结束   │
                        └──────────┘
```

图 6.14　气象数据地理图像处理系统数据处理流程

在实际工作中,系统采用了数据分析工具 IDV(Integrated Data Viewer)来进行气象数据的图形化加工处理,最后生成图片保存到气象数据图形系统的 Web 服务器目录下,如图 6.15 所示。

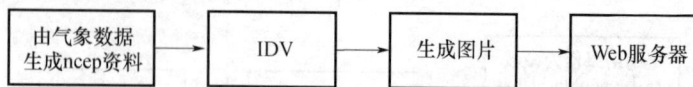

```
┌──────────────┐   ┌──────┐   ┌──────────┐   ┌──────────┐
│ 由气象数据    │──▶│ IDV  │──▶│ 生成图片 │──▶│ Web服务器 │
│ 生成ncep资料  │   └──────┘   └──────────┘   └──────────┘
└──────────────┘
```

图 6.15　气象数据图像化过程

3. 气象综合信息内容管理系统(CMS)

因为气象信息不仅只有常规气象观测数据,还有很多类似新闻的文字信息,其数据结构与常规气象观测数据很不相同,而且大部分也没有历史保存价值,不具有分析利用的可能。但是由于其内容往往又是较为敏感的,如果没有严格的信息处理流程,往往会造成较大的社会影响。因此系统选用了 Reahat CMS 软件来对此类信息进行管理,同时还利用此软件来对前面的气象数据处理系统进行功能整合。

1)内容管理系统设计框图

如图 6.16 所示,内容管理系统分为前端和后台管理系统。主要在后台进行用户登录验证、用户管理、数据流程、数据统计、系统备份和模块等功能管理。前台主要实现数据呈现。

118

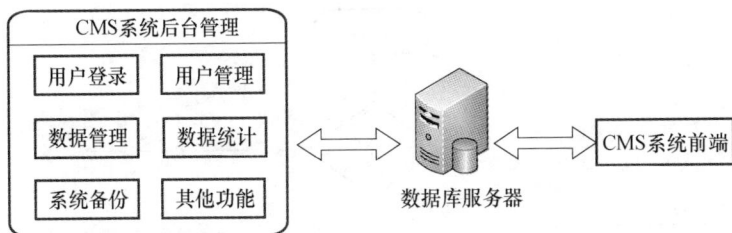

图 6.16　内容管理系统的基本架构

2）数据管理流程

对于 CMS 系统中的数据管理,严格执行了什么权限做什么事的原则。系统规定了数据管理的流程为:"采集"→"编辑"→"发布"的步骤,数据录入组的人员(信息采集人员)只能做信息录入工作,当完成数据录入步骤后,数据就进入了下一个"编辑"流程;信息编辑组的人员可以对信息做修改,完成后即可将数据推入"发布"流程,也可以将其退回"采集"流程,由录入人员再对其进行修改;信息进入发布流程后即可由发布组的人员发布到系统前端。系统管理人员由于具有最高的系统权限,因此能直接执行所有步骤进行信息发布。本系统也可以自定义信息管理工作流,即在"采集"→"编辑"→"发布"的步骤中根据需要增加或减少。通过以上步骤保证了气象新闻类型数据的安全。气象综合信息内容管理系统的数据管理流程如图 6.17 所示。

4. 整合 Apache 和 Tomcat

Apache 和 Tomcat 主要功能是起到整合所有气象信息服务,提供统一的用户界面,提供运行 Java Servelet 的环境,搭建 Web 站点。主要原理在前面的相关技术中已经说明,由 Apache 作为 Web 服务器,而 Tomcat 则作为 Java Servelet 和 JSP 页面运行的容器。下面详细介绍如何让 Apache 和 Tomcat 配合起来完成 Web 服务。

系统的操作系统采用 Centos Linux 5.4 版,CentOS 是 RHEL(Red Hat Enterprise Linux) 源代码再编译的产物,而且在 RHEL 的基础上修正了不少已知的 Bug,相对于其他 Linux 发行版,其稳定性值得信赖。CentOS 操作方式几乎与 Red Hat Linux 一致。需要安装 GCC 编译环境。先下载相关的 JDK 软件、Tomcat 软件、Apache 软件到/usr/local/src/目录下。

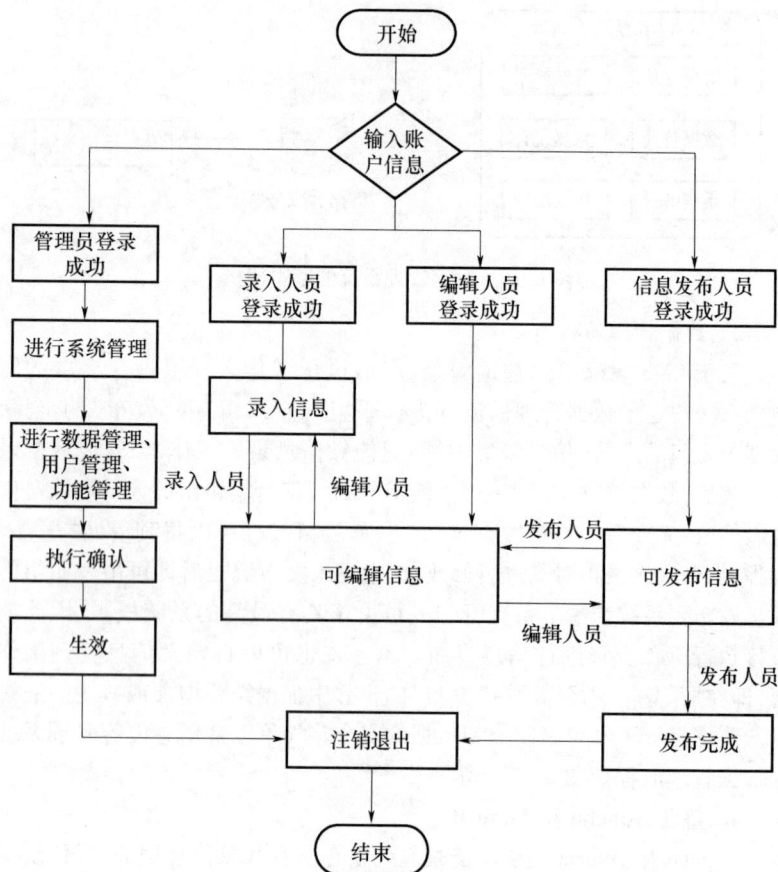

图 6.17　气象信息 CMS 内容管理系统数据管理流程

在完成 JDK、Tomcat 和 Apache 的安装后,就开始整合 Tomcat 和 Apache。

(1) 修改全局设定文件 httpd. conf。

(2) 下载和编译连接 Tomcat 和 Apache 的连接文件 mod_jk. so。

(3) 在/usr/local/apache2/conf/目录下面建立两个配置文件,即 mod_ jk. conf 和 workers. roperties。

以上即为在 Linux 下利用 mod – jk 实现 Apache 和 Tomcat 整合的整个过程。

6.4.4 系统的测试

1. 系统的功能测试

系统测试过程包括测试计划、测试设计、测试开发、测试执行、测试评估等 5 个部分。测试包括确定要测试的范围和条件以及软件如何被测试（制作测试模型），建立测试环境，执行测试，最后再评估测试结果，检查是否达到已完成测试的标准，并报告进展情况。

在测试服务器上搭建了测试系统，操作系统采用了 Linux CentOS5.0，数据库采用了 Oracle 10g，Web 服务器采用 Apache 2.0 + Resin 2.3，因为是 B/S 服务架构，客户端主要采用用户使用最广泛的 IE 浏览器，测试主要在内部局域网内进行。作为一个 B/S 系统，本系统分为前台和后台。前台功能测试主要是内容导航分类、表现层呈现效果；后台功能测试主要是测试不同的内容段、内容类型、生命周期、工作流、主题管理、内容导航、站点管理和用户管理等。

1）主界面测试

测试目的：保证相应内容能根据预定内容分类正确归类，保证定制主题风格能正确显示；保证所有链接都正常；前后台的所有功能链接正常。

测试过程：根据系统定制的内容分类相应的数据，并根据工作流程将其发布到相应的导航分类中，如果整个流程都没有错误且最后在前台能看见此数据，则证明内容类型、内容导航、工作流等表现正常；浏览前台和后台的链接，如能到达相应的管理功能模块，则表明界面设计正常；进行所有相关链接的测试，保证主界面功能完全正确，符合设计要求。

2）系统测试

系统测试按照预定的测试大纲进行，从整体上保证系统功能正常，包括用户管理功能的测试、气象数据二维图像查询和显示功能的测试、气象数据实况图形处理功能的测试。

（1）用户管理功能的测试。

测试目的：能够正确输入用户权限数据，具有添加用户、修改用户、删除用户数据的功能；同时保证在输入正确的密码和用户标识后，能使主界面正确体现出相应权限所拥有的操作；能根据已制定好的工作流，体现不同用户应当在不同的工作流程中完成自己的任务。

测试过程：验证用户登录，包括对输入的用户数据做有效性检查，对不同的输入格式错误做出输入提示。添加好用户信息数据后,在登录窗口输入正确的用户登录信息,即进入用户界面使用系统。

（2）气象数据二维图像显示功能测试。

测试目的:能够根据选定的区域,分别按照时、日、旬、月的选择,正确地显示测试数据相应的二维图像。

测试过程:选定区域、时间序列(时、日、旬、月)选项,提交用户查询参数,服务器返回气象要素二维图的查询结果,看二维图绘制结果是否正确。

测试结果:达到预期效果,能够正确显示指定区域、指定时序的气象要素的二维图。

（3）气象数据实况空间分布图形处理功能测试。

测试目的:能够根据选定的区域,分别按照时、日、旬、月,正确地显示选定气象要素的空间分布图像。

测试过程:选定区域、时间选项,提交用户查询参数,服务器返回气象要素的空间分布图的查询结果,看选定气象要素的空间分布绘制结果是否正确。

测试结果:达到预期效果,能够按照时、日、旬、月,正确显示选定区域的气象要素的空间分布图像。

2. 系统的性能测试

性能测试的目的在于测试负载增大时系统是否需要得到调整。本系统的性能测试主要是不同级别的气象信息数据量导致的系统负载性能,以及并发访问线程数对系统性能的影响。通过本项测试,发现整个系统在用户数量比较少的时候性能很不错,反应迅速;但当用户数达到几千个的时候,前台如果使用动态网页浏览数据,系统性能就有比较明显的下降。这主要是因为数据库设计把用户组单元和数据单元使用视图方式连到了一起,造成了数据查询时性能的下降。所以为了改善这种情况,本系统改进使用了网站数据缓存技术 Squid,使系统的使用性能得到了很大的提高。系统设备配置如表 6.1 所列。

表 6.1　测试系统配置

服务项目	硬件配置	操作系统
Tomcat + Apache	Dell 2950 服务器:CPU Xeon 2200MHz 4GB 内存、千兆网卡	CentOS Linux 5.0
Oracle 数据库	Dell 2950 服务器:CPU Xeon2660、8GB 内存、千兆网卡	CentOS Linux 5.0

系统的主要压力在数据库服务器和运行 Web 服务的 Tomcat 服务器上。因此系统性能测试主要包括：Web 服务器是否能提供快速的响应；数据库服务器是否能满足数据处理程序在规定的时间内完成数据处理。测试时尽量模拟真实访问数来进行。

1）气象数据入库性能测试

气象数据入库性能的测试，主要是利用自动观测站的观测资料，使用气象数据处理程序对数据入库时间进行测试。依次使用两个时次的数量为 500、1000、1500、2600、5000 个自动站的气象观测资料，运行气象数据处理程序进行处理，两个时次的测试结果如表 6.2 和表 6.3 所列。

表 6.2　第 1 个时次的测试结果

序号	自动站个数	完成时间
1	500	2min12s
2	1000	4min20s
3	1500	7min16s
4	2600	10min14s
5	5000	22min42s

表 6.3　第 2 个时次的测试结果

序号	自动站个数	完成时间
1	500	2min14s
2	1000	4min18s
3	1500	7min20s
4	2600	10min24s
5	5000	22min32s

测试结果说明，本系统能在设计要求的 30min 内完成数据处理的性能要求，如果提高硬件性能，应该能提高数据入库处理时间。

2）Web 服务器响应性能测试

Web 服务器响应性能的测试是通过客户端模拟访问气象数据二维图像页面。由于目前网站访问次数大约是每天 10000 次，而且大约 80% 的访问发生在白天，因此模拟程序开启了 50 线程、2000 次请求、每两线程间隔时间设置为 2s，如表 6.4 所列，表 6.5 给出了本次测试的结果。

表 6.4 测试参数设置

序号	客户端线程数	请求次数	每两线程间隔时间
1	50	200	2
2	50	400	2

表 6.5 测试结果

序号	测试持续时间	完成请求数	Tomcat 占用内存	Tomcat 最高负载
1	1000s	200	1.6GB	<30%
2	2000s	400	2.0GB	<50%

测试结果说明,Tomcat 的负载在测试条件下还是显得相当高,但能基本上满足使用要求,建议对 Tomcat 系统做优化或者提高硬件水平。若要进一步验证系统的可靠性,还应该增大测试用例,增强测试的强度,使用不同测试法相结合来进行验证测试,以期达到验证测试的目的,完善系统的功能,提高系统的安全性、可靠性和适用性。

作为一个在线信息管理系统来说,最重要的测试还是大规模用户使用测试。在系统的内部测试中,基本上只做了较少量的用户使用测试,并不能代表在正式上线后用户浏览量大增的情况下也能如期望的效果。在正式的业务试用中,需收集用户使用数据进行分析、整理,然后对整个系统进行性能优化和改进。

6.4.5 系统的维护

对于单位来说,平台稳定运行、数据安全是极其重要的。从技术上来说,没有绝对安全的系统,除了技术手段上要努力做到完美,还需要从制度上制定严格的程序,才能保证在系统出现故障时能迅速排除,恢复数据和业务运行。从技术层面来说,技术人员按照设计要求对网站页面和系统功能做出调整,应根据业务需要制定数据备份工作,要尽量实现计算机自动处理数据的收集、处理和备份,并记录日志,避免人为干涉,这样才能保证数据的即时性和完整性,在开发和维护的时候才能排除其他无关因素的干扰。同时也应该提供工具,在由于不确定因素的干扰造成数据录入的错误、不完整的时候,能够快速地利用工具完成数据的补录。由技术人员安排相关人员的技术培训,使之能正确使用整个系统,完成信息的增、删、改,完善站点的相关信息。系统维护的具体工作如下:

（1）服务器运行状况监测。在数据库服务器和 Web 服务器上部署了网络监测系统，可以通过 Web 服务对服务器系统资源（CPU 资源、硬盘资源、Oracle 服务状况）等进行监测，掌握系统运行情况。

（2）服务器数据备份。利用了 Oracle 公司提供的数据备份工具，结合 Linux Shell 脚本编程，实现了数据每天 0 点备份一次，保留一个月数据备份。备份完成后，每天生成一个单独的数据文件。

（3）数据恢复。利用 Oracle 公司的数据恢复工具 Imp，可以将生成的数据文件导入到数据库中。Imp 工具的简单用法如下：

imp 用户名/口令 file = 全路径的数据库备份文件 full = y

（4）必须制定严格的规章制度，保证数据库的账号安全和系统安全，定期修改账号信息，不同权限的人员不能越权，需要有制度来保障。

第7章 气象信息系统集成

7.1 气象信息系统集成内涵

7.1.1 系统集成基础

1. 系统集成的定义

将不同的系统根据应用需要,有机地组合成一个一体化的、功能更加强大的新型系统的过程和方法。系统集成是在系统工程科学方法的指导下,根据用户需求,优选各种技术和产品,将各个分离的子系统连接成为一个完整、可靠、经济和有效的整体,并使之能彼此协调工作,发挥整体效益,达到整体性能最优。

2. 系统集成的分类

系统集成包括设备系统集成和应用系统集成。

(1) 设备系统集成。其也可称为硬件系统集成,在大多数场合简称系统集成或称为弱电系统集成,以区分于机电设备安装类的强电集成。它指以搭建组织机构内的信息化管理支持平台为目的,利用综合布线技术、楼宇自控技术、通信技术、网络互联技术、多媒体应用技术、安全防范技术、网络安全技术等将相关设备、软件进行集成设计、安装调试、界面定制开发和应用支持。

① 智能建筑系统集成。它指以搭建建筑主体内的建筑智能化管理系统为目的,利用综合布线技术、楼宇自控技术、通信技术、网络互联技术、多媒体应用技术、安全防范技术等将相关设备、软件进行集成设计、安装调试、界面定制开发和应用支持。

② 计算机网络系统集成。它指通过结构化的综合布线系统和计算机网络技术,将各个分离的设备(如 PC)、功能和信息等集成到相互关联的、统一和协调的系统中,使资源达到充分共享,实现集中、高效、便利的管理。系统集成应采用功能集成、网络集成、软件界面集成等多种集成技

术。系统集成实现的关键在于解决系统之间的互连和互操作性问题,它是一个多厂商、多协议和面向各种应用的体系结构。这需要解决各类设备、子系统间的接口、协议、系统平台、应用软件等与子系统、建筑环境、施工配合、组织管理和人员配备相关的一切面向集成的问题。

③ 安防系统集成。它指以搭建组织机构内的安全防范管理平台为目的,利用综合布线技术、通信技术、网络互联技术、多媒体应用技术、安全防范技术、网络安全技术等将相关设备、软件进行集成设计、安装调试、界面定制开发和应用支持。

(2)应用系统集成。以系统的高度为客户需求提供应用的系统模式,以及实现该系统模式的具体技术解决方案和运作方案,即为用户提供一个全面的系统解决方案。应用系统集成已经深入到用户具体业务和应用层面,在大多数场合,应用系统集成又称为行业信息化解决方案集成。应用系统集成可以说是系统集成的高级阶段,独立的应用软件供应商将成为核心。

3. 系统集成的特点

(1)系统集成要以满足用户的需求为根本出发点。

(2)系统集成不是选择最好的产品的简单行为,而是要选择最适合用户需求和投资规模的产品和技术。

(3)系统集成不是简单的设备供货,它体现更多的是设计、调试与开发的技术和能力。

(4)系统集成包含技术、管理和商务等方面,是一项综合性的系统工程。技术是系统集成工作的核心,管理和商务活动是系统集成项目成功实施的可靠保障。

(5)性价比的高低是评价一个系统集成项目设计是否合理和实施是否成功的重要参考因素。

总而言之,系统集成是一种商业行为,也是一种管理行为,其本质是一种技术行为。

4. 发展方向和要求

1)发展方向

(1)产品技术服务型。以原始厂商的产品为中心,对项目具体技术实现方案的某一功能部分提供技术实现方案和服务,即产品系统集成。

(2)系统咨询型。对客户系统项目提供咨询(项目可行性评估、项目投资评估、应用系统模式、具体技术解决方案)。如有可能承接该项目,则负责对产品技术服务型和应用产品开发型的系统集成商进行项目实现招标,并负责项目管理(承包和分包)。

(3)应用产品开发型。表现在与用户合作共同规划设计应用系统模型,与用户共同完成应用软件系统的设计开发,对行业知识和关键技术具有大量的积累,具有一批既懂行业知识又懂计算机系统的两栖专业人员。为用户提供全面系统解决方案,完成最终的系统集成。

2)要求

系统集成技术人员不仅要精通各个厂商的产品和技术,能够提出系统模式和技术解决方案。更要对用户的业务模式、组织结构等有较好的理解。同时还要能够用现代工程学和项目管理的方式,对信息系统各个流程进行统一的进程和质量控制,并提供完善的服务。

7.1.2 气象信息系统集成层次

信息系统的层次是指信息系统的纵向抽象逻辑层次,根据系统的数据交换和功能结构,信息系统可划分为具有一般意义的数据层、业务层、表示层3个层次。数据层由信息系统的数据模型组成,主要实现数据的存储和管理,并向业务层提供开放的标准化访问接口,是信息系统的核心层;业务层主要对表示层提交的指令进行规则解释,对数据进行提取、校验、加工、写入等操作,其本质是实现数据在业务逻辑上的流动;表示层提供系统与用户交互的界面,定义界面规则,给业务层传递数据,并根据用户指令调用业务层相关接口。

按照信息系统的层次结构和集成深度,可以将信息系统的集成划分为数据层集成、业务层集成和表示层集成。

1. 数据层集成

数据层集成发生在信息系统的数据源级别,主要完成结构化数据和非结构化数据的整合、分析等工作,把不同来源、格式、特点性质的数据在逻辑上或物理上有机地集成,解决数据的异构性和分布性,减少数据冗余度,提高数据的完整性、准确性和一致性。

2. 业务层集成

业务层集成以"业务逻辑"为集成对象,主要实现离散的业务应用的功能衔接和跨系统的功能调用,使某些关键业务能够跨越分散的系统得以执行,并提供新功能。

3. 表示层集成

表示层集成将现有的用户界面作为集成点,把若干子系统整合在一个界面内,使系统能够以统一的界面风格显示和操作,并能有效整合第三方的系统,而原有的功能仍在原有子系统中运行。

7.1.3　气象信息系统集成方法

1. 数据层集成方法

数据层集成的数据源可能是数据库系统,但更多的时候会是非传统的数据源,如结构化文档等。数据层集成一般有两类方法:一类是物化集成方法,物化集成方法的典型代表是数据仓库系统,该方法将各信息源的数据事先装载到数据仓库中,所有的查询只针对数据仓库中的数据进行;另一类是虚拟集成方法,数据仍保存在本地信息源中,仅增加了一个虚拟的集成视图以及这个视图与数据的映射关系,用户可以通过虚拟视图了解到数据的存储位置、存储方式等情况,然后直接从数据源获取数据。

1)数据仓库系统

数据仓库系统需要建立一个存储数据的仓库,将数据源中的数据定期通过信息抽取工具进行过滤提取,并装载到数据仓库中。所有的查询都由数据仓库根据其保存的信息来支撑。这种方法最大的优点在于能够保证快速、高效地查询,但查询的数据缺乏时效性。

2)联邦数据库系统

联邦数据库系统是一些彼此协作而又相互独立的单元数据源的集合,但所有数据源都添加了彼此访问的接口,实现了各个数据源之间一对一的连接,每个数据源之间都可以交互。但这种系统如果有 n 个数据源两两之间都要进行交互,则需要写 $n(n-1)$ 个接口来支持相互查询。

3)中间件系统

中间件系统通过包装器对数据进行包装和转换,把底层的数据转换为统一的数据模型。上层应用对中间件进行查询,中间件再将查询转换为基于各局部数据源的模式查询,各数据源的包装器将结果抽取出来,最后由中间件将结果集成并返回给用户。中间件系统并不将各数据源的数据集中存放,数据仍存储在局部数据源中。在某种程度上,中间件是信息源中数据的一个视图,其中并没有数据。

4）基于 XML 的方法

XML 是由 W3C 推出的新一代数据交换标准,是一种简单的数据存储语言,它使用一系列简单的标记来结构化地描述数据,可以标记任何一种事物。XML 在描述数据内容的同时能突出对结构的描述,并部分地描述了计算机程序对它的处理行为。基于 XML 的方法将需要交互共享的数据转换为 XML 标准文档,以实现数据在结构上的统一,再对 XML 标准文档进行集成。目前,以关系数据库、对象数据库或者是 NXD(Native XML Database)为存储手段,以 XML 为交换载体的数据管理是一种趋势。

2. 业务层集成方法

业务层集成必须建立在对企业现有业务流程的准确理解和有效重组的基础上,而不仅仅只是软件技术的应用。不管是简单的权限审查还是复杂的产品设计制造,企业的业务流程总是已有的,这就要求系统设计者基于现有的企业组织结构,在与企业管理者有效沟通的前提下,对现有业务流程进行分析、分拆、优化和重组。

传统的信息系统业务层集成方法依赖于相应语言代码的业务流程的重写,企业组织结构的调整、业务流程的变更都必须对系统进行重新设计和编码。传统方法成本高昂,维护升级困难,已经不能适应企业发展对业务流程的持续变革与优化的要求。

近年来面向服务架构(SOA)的提出,特别是作为实现 SOA 的 Web 服务技术,在信息系统中获得了广泛应用。系统业务层通过对遗留系统进行服务包装,将遗留系统的功能提供为一个基础 Web 服务,或者是直接实现一个新的 Web 服务来提供基础 Web 服务;对于基础 Web 服务,还可以通过直接编程或者是 Web 服务编制(Web Service Orchestration)技术来进行合成,以提供合成服务;表示层通过调用基础 Web 服务和合成 Web 服务,来实现相应的系统功能。

3. 表示层集成方法

随着集成技术的发展,表示层的集成不仅可以采用传统的界面重写、窗口嵌入等方法,而且有了很多集成工具的支持,如各大软件公司的 Portal 门户技术、微软的组合界面应用程序块(Composite U I Application Block)集成框架等。

微软的"组合界面应用程序块"集成框架,实现了可扩展的智能客户端(Smart Client)用户界面,即将一些相对简单的子系统的用户界面组合起来,创建一个综合的界面集成解决方案,但同时允许各子系统的后台系统独立地进行测试、部署、运行、升级和更新。"组合界面应用程序块"集成框架通过实现一个后台的集成层,利用旧的子系统为这个集成层提供服务,集成系统的界面使用集成层的接口来满足用户的使用需求,从而实现了表示层的集成。

7.2 设备系统集成在气象灾害预警系统中的应用

建设"气象灾害预警广播系统",目的在于快速、高效、准确地传递突发灾害预警预报信息,重点是对预警台进行集成化技术创新。采用无线广域广播系统和预警电话机组建气象灾害预警台,保证中文信息和语音信息快速、准确、可靠地广播和接收,从而解决原有服务手段较被动、受众落区难确定或传递速度慢等问题。

7.2.1 系统构成

突发灾害预警台由发射平台和预警电话机组成。其中发射平台由中心部分和外围发射基站部分组成。

中心部分主要由以下部分构成,如图7.1所示。

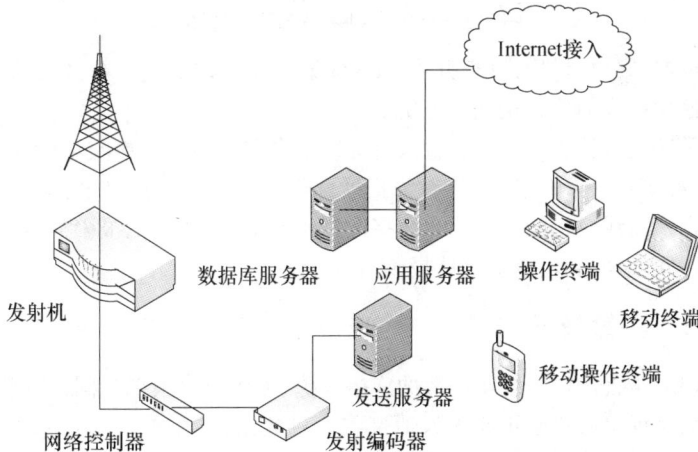

图 7.1 系统中心部分构成

（1）网络部分。构成本地的小局域网,对内连接服务器和操作终端,对外连接防灾业务专网和 Internet 网。

（2）服务器部分。其由数据库服务器、应用服务器、发送服务器 3 部分构成,可根据安全、可靠的需要,以双机热备的形式配置。

（3）操作终端部分。由本地值班终端、现场救灾指挥终端、领导移动终端等组成,便于可靠、及时地发布信息。

（4）发射部分。由发送编码器、前置处理器、Zetron33 寻呼网络控制器、发射机总成、发射天线总成等组成。

（5）电源保障部分。双路供电,以大容量的后备电源为支撑,在发生停电时,也能对整个平台的正常运行和可靠发射提供能源保障。

外围发射基站部分由链路接收天线、链路接收机、前置处理器、Zetron66 传输控制器、功放、发射天线组成,如图 7.2 所示。

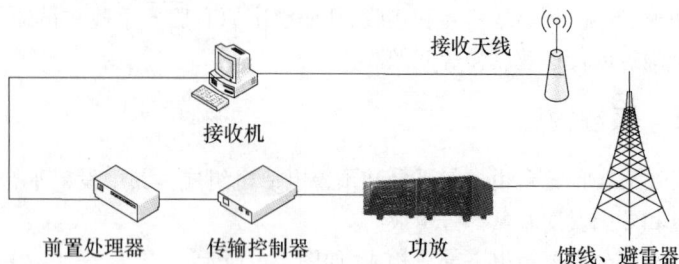

图 7.2　外围发射基站部分示意图

电源部分尽量用市电,并由 UPS 保证后备电源供应。在必要的时候可以使用标准的后备柴油发电机。

预警电话接收终端是一种具有无线信息和无线语音接收功能的电话机,大屏幕汉字字符显示,装有警报器部件。本身以电池供电,无交流电或电话线断线时也能保证可靠地接收到预警信号,并能把报警信号以声、光的形式表现出来,也能播放报警语音。

7.2.2　关键技术

（1）预警广播系统与一般的广播系统、无线通信系统不同,关键技术是如何保证接收终端正确无误地接收大量数据,并在预警广播中强制性使接收终端动作发出警报。一般的广播系统、无线通信系统发送的是模拟信号,没有校验;GSM 和 CDMA 通信系统发送的信号是数字类型信号。

本预警广播系统发射有校验的数字信号,接收终端待机时始终处于静默接收状态,连续接收 3 次具有复杂校验码的数字信号流并校验无误后,根据预设条件触动警报。

(2)数字编码信息和模拟语音信息"图传"采用 FSK 和 FM 调制方式,系统采用电信系统常用的 bch15 纠错码,在工业单片机和嵌入式系统中实现编、解码,批量生产后拟采用 FPGA/CPLD 实现。采用分小区频率偏移的形式解决同频干扰。

(3)发射平台拟采用新型发射机、高稳度频率参考源和无线发射控制等相关类型设备。在发射机上增设语音广播功能,实现频率稳定调控自动化,故障时自动提示,保证系统运行的稳定性,又减轻维护工作量。

(4)预警电话的特征是在电话机上增设了无线信息和无线语音接收功能,并在无线语音功能上设置信号触发处理元件。电话机在待机时始终处于静默接收状态,当连续接收 3 次具有复杂校验码的数字信号流并校验无误后,就根据预设条件触动开关,发送警报或者接收并对语音信号进行扩音。由于采用无线广域广播形式传送中文或语音信息,因此信息的接收速度是目前采用电话、手机作为接收终端的几十倍以上,预警电话既能接收文字信息,也能接收语音,因此发布方式可采用文字信息,也可采用语音,或者两种发布方式同时进行。

(5)服务器 CPU 可处理 185 万条/s 指令,8KB 的 I 级缓存和 8KB 的 D 级缓存,支持 Linux 和 Win CE 操作系统的内存管理模块,内置 32 位 ARM 和 16 位经典指令系统,主频为 166MHz,固态存储 4MB Flash ROM。操作系统采用嵌入式 Linux。嵌入式系统是计算机技术、通信技术、半导体技术、微电子技术、语音图像数据传输技术等先进技术和具体应用对象相结合后的更新换代产品。嵌入式 Linux 具有内核可裁剪、效率高、稳定性好、移植性好、源代码开放等优点,还内含了完整的 TCP/IP 网络协议栈,很适合在嵌入式领域应用。

(6)数据库采用对象关系型数据库管理系统。它支持大部分 SQL 标准并且提供了许多其他现代特性,包括复杂查询、外键、触发器、视图、事务完整性和多版本并发控制。可以用许多方法扩展,比如增加新的数据类型、函数、操作符、聚集函数、索引方法和过程语言。

7.2.3　系统防护

(1)防病毒。控制台前端采用 Windows XP 操作系统,有可能造成病毒的危害,可以采用任意一款通过公安部认证的防病毒软件进行病毒的有效防御。应用服务器、前置处理器、数据库服务器的软件是固化在硬件中的,病毒无法侵入,故不予考虑防病毒的问题。

(2)系统管理。系统自成网络,应用服务器本身具有一定的防火墙作用,前置服务器、数据库服务器、控制台前端亦处于防火墙保护内。系统管理通过 SNMP 协议或者通过 IE 浏览器的方式进行管理。

(3)系统备份。系统备份有两种方式:一种是通过网络进行数据在线备份;另一种是根据用户需要,全系统采用双机热备份热切换的方式进行更高安全层次的备份。

7.3 应用系统集成在农业气象业务系统中的应用

省级农业气象业务服务系统的总体设计目标是:以标准农业气象数据库建设为基础,以 GIS 基本平台和卫星遥感为技术手段,为省级农业气象与卫星遥感业务服务提供了从数据采集处理、应用分析,到产品分发服务全过程一体化的软件平台,整体提高农业气象信息处理的及时性、准确性、针对性和产品的可视化。

7.3.1 系统组成和功能

省级农业气象业务系统(the Province'Agro Meteorological Operation and Service System,PAMOS)由农业气象数据库管理子系统、农业气象情报子系统、农业气象预报子系统、农业气候资源开发利用子系统、农业气象灾害监测评估子系统、生态环境遥感监测应用子系统和农业气象信息服务子系统等 7 个子系统组成,各子系统通过预设接口融为一体,构成一个有机的业务服务系统。

省级农业气象业务系统基于 C/S 模式,是一个分布式的应用信息系统,整个系统以 MS SQL Server 为农业气象业务服务数据库平台,农业气象业务数据库子系统设计了农业气象数据库的模型和数据库对象,通过对省级农业气象业务所需数据的采集、加工处理、数据质量控制、数据库管理维护等模块的设计,为省级农业气象业务系统提供一个专用数据库平台。

农业气象情报子系统是省级农业气象常规的业务服务项目之一,主要对实时报文资料进行处理(包括接收、预处理、解译和管理等),并结合历史资料进行分析,最终形成为决策服务、管理及生产部门提供公众和专项服务的情报产品。农业气象情报子系统功能结构由农气 AB 报文处理、统计分析、情报编撰、图形绘制等 4 部分组成。

农业气象预报子系统也是省级农业气象常规的业务服务项目之一,根据省级农业气象预报基本业务需求,结合拓展业务服务需要,农业气象预报子系统实现针对农作物产量预报、土壤墒情预报、农气灾害预报、作物病虫害发生发展气象条件预报、农用天气预报、农作物发育期预报等 6 类对象的预报及预报管理。

农业气候资源开发和利用子系统建立在地理信息系统平台上,将专业模型融入地理信息系统,其功能模块主要包括农业气候区划、农业气候论证、农业气候资源评估、设施农业气象服务等。

农业气象灾害监测评估子系统基于地理信息系统,包括数据调入、灾害监测、作物受灾损失评估和产品输出等 4 个功能模块,实现了多源遥感数据(NOAA/AVHRR、EOS/MODIS、FY - 1C/1D)调用、灾害监测离散点数据栅格化、干旱和洪涝两种灾害的作物识别、不同下垫面受灾面积计算、产量损失、经济损失评估等功能。

生态环境遥感监测应用子系统是针对实时接收的极轨卫星资料及MODIS 资料进行一系列的处理、分析,并生成多种监测应用产品的实用业务系统,其主要功能包括数据输入输出、格式转换、数据配准、数据分析、专题图制作、应用处理等。

农业气象信息服务子系统是整个系统信息产品的集成、发布平台,主要实现对系统生成的各种农业气象业务产品的集成加工、检索查询、以GIS 为平台的图形图像显示以及各种产品的网络发布等,包括产品集成加工、图形图像显示、产品浏览查询和产品发布等 4 个功能模块。

7.3.2 组件技术的集成应用

组件是一个可重用的模块,是由一组处理过程、数据封装和用户接口组成的业务对象(Rules Object),其具有以下特点:组件可以在另一个称为容器的应用程序中使用,也可以作为独立过程使用;组件可以由一个类构成,也可以由多个类组成,或者是一个完整的应用程序;对象为代码重用,组件为模块重用。

组件对象模型(Component Object Model,COM)是由微软公司开发的规范,是为集成组件提供的一组框架。COM 为组件的创建定义了应用程序接口(API),用来集成自定义应用程序或支持不同组件间的相互作用。

分布式组件对象模型(Distributed COM)建立在 COM 基础上,是由微软提供的一种用于开发分布式系统的方法。DCOM 中,可以在一台计算机上执行 COM 对象,而在另一台计算机上创建 COM 对象,并访问它们。通过 DCOM,可以采用访问本地对象的方式准确访问远程对象。

ActiveX 是动态链接库(DLL)的一种,它以 COM 为基础,是软件组件在网络环境中进行交互的技术集,融合了 OLE、Automation 等技术,可以作为界面元素,它与具体的编程语言无关。此外,对象模型完全独立于编程语言。DLL 和 ActiveX OCX 是大部分 COM 组件的承载对象。

由于省级农业气象业务系统属于多单位合作开发的内容相对庞大的业务系统软件,根据总系统划分为相对独立的 7 个子系统组成的特点,结合当前先进的计算机软件集成技术,采用流行的组件模型(COM/DCOM)方法,通过组装不同的软件组件单元来实现软件的集成。省级农业气象业务系统开发环境见表 7.1。

表 7.1 省级农业气象业务系统开发环境

系统名称	开发环境	说明
省级农业气象业务系统主系统	Visual C++6.0	主执行程序
农业气象业务数据库子系统	Visual C++6.0	源码模块
农业气象情报子系统	VB 6.0	组件模块
农业气象预报子系统	C++Builder 6.0	组件模块
农业气候资源开发利用子系统	VBA	可执行模块
农业气象灾害监测评估子系统	VBA	可执行模块
生态环境遥感监测应用子系统	Visual C++6.0	可执行模块
农业气象信息服务子系统	VB 6.0	组件模块

1. 集成层次

总系统采用 C/S 分布式体系结构,系统由表示层、事务逻辑层和数据服务层 3 个组成部分。

(1)表示层。用户的界面部分。主要是通过 ActiveX OCX、XML、HT-

136

ML 等实现用户与应用程序的通信。总系统是由一些常规的业务服务功能模块,按统一的技术约定,实现模块界面功能元素和实时服务的统一设计。

(2)事务逻辑层。事务逻辑层是整个应用系统的核心部分,其中COM 则相当于其心脏,通过 COM 进行事务处理,并由总系统为各种应用组件提供完善的管理。在总系统统一设计功能模块界面元素的基础上,在这一层次上完成模块核心功能的设计,包括数据库和资料访问、应用服务(如报文处理、要素统计、情报编撰、产量预报、土壤墒情预报、产品浏览等功能模块服务)、数据接口、组件间的通信、实时资料的监控等。

(3)数据服务层。为了应用提供数据业务源。若干客户程序通过应用逻辑组件共享数据库的连接,提高了数据服务的性能和安全性。根据省级农业气象业务系统总体设计的要求和需要,选择 Microsoft SQL Server 2000 作为整个系统的数据库平台。总系统运行的层次结构如图 7.3 所示。

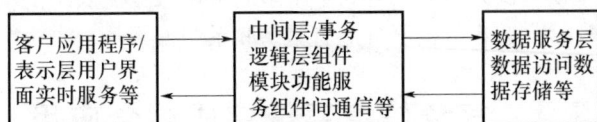

图 7.3　总系统运行的层次结构

2. 总系统集成技术及方法

总系统基于分布式结构和 C/S 模式,在集成上主要研究并实现以下3 个技术:

(1)过程集成。这是贯穿整个总系统和分子系统集成的核心,研究以工作流技术展开,实现省级农业气象业务系统各功能模块在业务流程上能够实现无缝的集成。

(2)功能集成。它主要以组件为基础,以软构件和中间件为主要实现技术,实现省级农业气象业务系统与各分子系统在功能上的集成。

(3)信息集成。这是省级农业气象业务系统中最基础的集成方法,研究并实现主要以软构件、中间件、中间文件和数据库共享为主要对象,构建组件模块和数据流的耦合。

针对业务总系统的结构、模式、开发环境和集成层次,主要研究并实现以下 3 个方面的集成:

(1)总系统内部各功能模块之间的集成。

（2）总系统与其他业务软件系统之间的集成，如省级气候业务系统。

（3）不同分子系统之间的集成，如生态环境遥感子系统、农业气象灾害监测评估子系统、农业气候资源开发利用子系统等之间的数据集成。

由于各个子系统开发平台的多样性和应用新技术的需要，总系统的集成实现方法分为3个级别：源代码级集成、组件式集成、数据流耦合集成。

（1）源代码级集成。总系统对农业气象数据库管理子系统采用源代码级集成，实现农业气象数据库管理子系统与总系统的无缝连接，从集成应用角度来说，相对稳定但不灵活。

（2）组件式集成。总系统在主体上对农业气象情报子系统、农业气象预报子系统、农业气象信息服务子系统等3个基础的农业气象常规业务子系统的各个功能模块采用组件式集成。

（3）数据流耦合集成。总系统对生态环境遥感、农业气象灾害监测评估、农业气候资源开发利用等3个子系统采用数据流底层的耦合集成，界面元素风格统一，在数据服务层有紧密联系。

7.4　气象信息系统集成综合应用

本节以某省地面气象观测站业务系统为例，分析了当前基层气象台站观测业务系统现状和存在的多终端问题，在不改变现行观测业务规范的前提下，利用先进的电子、通信技术和软件设计方法，建立台站多观测系统集成平台，实现各观测项目在单个终端运行，操作人员可以在一个工位上完成所有观测项目的管理和数据处理，以此提高台站观测系统的集约化程度和自动化程度。

7.4.1　现状及问题

台站除大气监测自动气象站设备外，还新增探测系统多种，有带显示终端型和不带显示终端型两类：带显示终端型由前端探测器（包括传感器、智能处理器、通信接口和线路）、本地数据处理终端（计算机和处理软件）和以太网接口等3部分组成。其特点是采用RS232接口协议连接前端和本地终端，再由本地终端进行数据处理后转换为以太网发往远端数据中心。不带显示终端型系统有的也包含RS232接口，但是这些系统不使用本地终端直接将数据转换为以太网或无线网络,传送到数据中心,不需要本地终端作数据处理,这类设备存在数据不能直接获取的问题,对于观测资料的应用方面存在限制。由此造成了以下问题:

(1)由于测报人员必须在每个终端上单独进行单个项目的采集观测、数据处理、监控、人工干预、产品生成和数据传输等操作,使得整体观测的自动化程度下降,不仅极大地增加了测报工作复杂性,降低效率,还会贻误时机,增加出错的概率。

(2)新增加的观测项目系统的数据终端,在多数情况下有99%以上的时间处于闲置等待状态,系统利用率极低,不仅浪费资源,同时还增大了设备总故障率和维护难度,还使系统整体可靠性下降。

(3)分散的本地终端使探测数据的保存、处理、服务产品开发和深度应用增加了许多重复劳动。有些观测资料采用网络自动上传,台站无法直接获取数据应用于服务,同时对设备运行状况也不能掌握,增加了台站的维护困难。

(4)探测终端设备过多,还造成观测室空间不足、凌乱,人员操作困难繁琐,设备维护成本高,电力及其后备容量的需求增加。对于全国两千多个台站来说,由此造成的资源、能源消耗也是巨大的。以上因多终端问题带来的弊端,将会随着今后台站观测项目的增多而愈发突出。

7.4.2 技术方案

多路 RS232 通信是目前广泛应用于工业界数控及程控设备的技术。开发专门通信模块可将多个 RS232 接口方便地集成到单台计算机终端,并实现与计算机的通信。终端软件各自独立运行,稳定可靠,技术标准规范。集成采用开发硬件串口共享设备的方法,利用成熟的单片机串口扩展技术,可将单个串口扩展为 4 路或 8 路甚至更多。设备内开发固件程序对串口通信进行处理,设备内具有单独缓存来保存多路串口接收观测设备采集的二进制和文本数据,另开发多串口驱动程序便于计算机对设备多串口进行管理。多串口共享设备设计与应用有两种形式:设计外置式独立部件采用 USB 口接入计算机和设计内置插卡式部件插入计算机主板。

台站观测系统有两个特点,即大多数采用 RS232 串行通信协议和处理软件均采用 Windows 操作系统。这两个特点决定了将多终端集约为单终端的基本途径,也许就是最简捷技术路线:通过多 RS232 串口技术将各前端的数据线接入一台计算机终端;将各终端处理软件直接放入一个 Windows 多任务环境下运行。

7.4.3 运行环境及流程分析

通过调研分析某省当前的台站观测系统,提出了观测业务系统设备运行环境、业务流程,如表 7.2 所列。

表 7.2　台站观测系统运行环境及业务流程

观测项目	系统平台	输入口类型	传输方式	传输时间间隔
自动气象站	Windows XP	串口	FTP	5min
紫外线	Windows XP	串口	FTP	15min
负离子	Windows XP	人工输入	FTP	12h
酸雨	Windows XP	人工输入	FTP	24h
大气成分	Windows XP	串口	FTP	1h
雨滴谱	Windows XP	串口	FTP	不定时
土壤墒情	Windows XP	串口	FTP	10min
GPS/MET		接收机	TCP/IP	1h
闪电定位		nport	UDP	30s

(1)绝大多数的业务软件运行在 Windows XP 系统下,但尚有个别业务软件运行在 Windows 98 系统下,需要将软件进行移植,移植后对业务运行是否有影响还有待试验和检查。

(2)集成后,各探测设备业务软件是否可以在同一个平台下稳定运行,多个业务软件同时运行时,对系统资源的需求是否有冲突,试验中需要通过较长时间的运行来检查。

(3)业务运行过程中,数据量并不算多,数据采集和传输频次不高,最高为自动气象站,每 5min 一次观测和数据上传,少的有酸雨每天一次,从这些指标分析,当前计算机的能力应该可以满足要求。

(4)探测数据上传方式基本相同,数据报文上传通过网络采用 FTP方式上传至某省气象信息中心,由其负责向中国气象局上传。从时效性看,数据多在正点或整分时间内被采集和上传。

(5)集成后,多数观测项目数据的采集和传输实现自动化,只有少数观测项目的数据需要人工输入形成报文再上传。从操作时间和数据上传允许时间的范围看,这对系统业务运行不会有影响。

7.4.4 集成技术和设备

1. 集成方法

系统集成主要包括通信集成、软件集成、系统安全防护和双机备份,如图7.4所示。各种设备从通信部分(即通信线缆布置至机房)开始集成,进入多串口共享设备,连接入计算机;计算机运行各应用软件,并开发串口、应用软件管理程序,集自动与人工业务于一体,实现单台计算机管理。另外,需要准备一台计算机作应急备份使用。

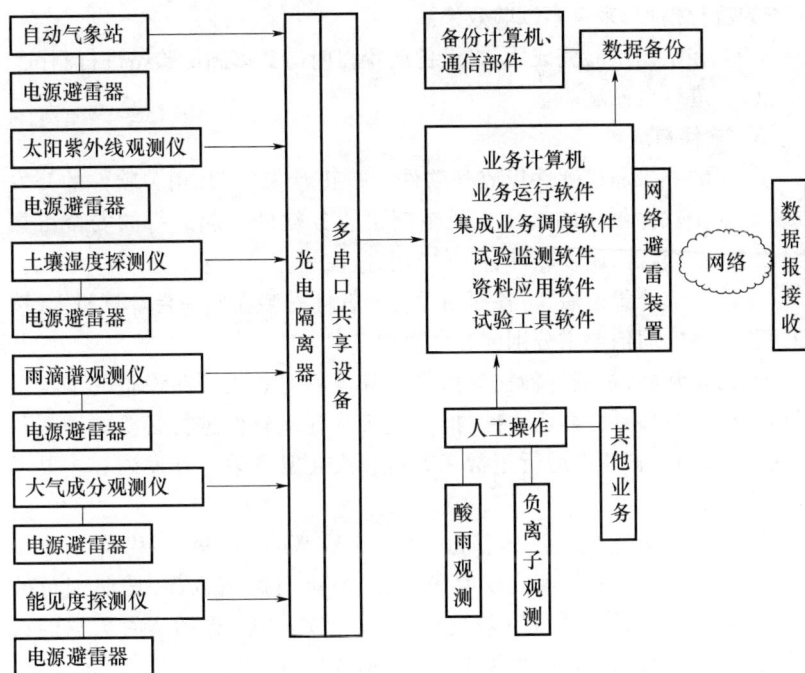

图7.4 地面气象观测站业务集成系统结构

2. 通信集成

数据采集与传输设备的集成主要在于通信方面,自动气象站、太阳紫外线仪、自动土壤水分观测仪、雨滴谱仪设备均采用 RS232 协议与计算机有线通信,通常单台计算机只有 1~2 个 RS232 接口,只能与一台采集器进行有线连接,扩展串口在现在的计算机业只能扩展一个,不能满足台站全部探测设备运行需要。为解决单台计算机同时连接多台采集器的问题,运用单片机的串口扩展技术对单片机进行串口扩展,开发研制多串口共享设备产品,达到探测设备通过多串口设备共享计算机的串口资源。

多串口共享设备利用计算机上 USB 通信口或主板上的 PCI 插槽,将通信口通过单片机延展出多个标准的 RS232 串口。各个观测设备通信首先在物理层与多串口共享设备相连接,计算机通过多串口设备驱动来对设备进行管理、分配串口和监控串口数据收发。

集成试验分 3 步。

(1)室内测试。采用 8 个 RS232 串口与计算机通信,数据发送按照业务的流程模拟,来考察试验效果。

(2)在室内试验完成后,将设备放置在南昌艾溪湖试验站进行测试。

(3)进行台站试验。

3. 软件集成

集成的效果通过硬件集成和软件运行正常来检验,相关软件的开发同样重要。软件集成的工作主要是测试业务软件一起运行的安全可靠性,以及开发软件、调度软件、资料应用、监控等。

在通信部分集成后,将各探测设备的软件安装在同一台计算机上,按照探测设备的通信要求分别配置好通信口。

通信正常后,根据各种气象探测业务规程对各类探测设备的编发报通信软件、监视软件、显示软件、报表生成及存储软件进行必要的调整和二次开发,确保各软件运行正常和数据收发正常。软件开发内容主要形成以下产品:

(1)太阳紫外线软件的移植,将软件从 Windows 98 下移植到 Windows XP 系统下。通过直接获取串口数据,进行解析入库,按照现行的 Windows 98 下的设计进行重新设计,实现业务功能,包括实时数据的显示、统计计算、数据传输和相关报表生成等。

(2)各业务软件的调度程序,并增加各种人工提示功能,做到更加人性化和智能化。针对每种探测业务的流程不同,开发统一的按照流程顺序进行的调度软件,通过一个集成的界面显示来管理,能够提前提示观测员需要做何工作和要注意的事情,并通过语音提示。

(3)对无线设备的运行状态监控、观测资料的提取和显示,提高台站观测资料的应用水平。台站无线设备无法第一时间获取设备探测资料,利用探测资料成为台站的难题,且还不能掌握运行情况。因此,需要针对这类设备进行与运行状态和资料应用方面的开发,对闪电定位仪、自动土壤水分观测站等开发监控软件和资料应用平台,能够实时监测运行和获取雷电定位数据。

(4) 开发针对各个串口的运行监视程序,监控串口的数据收、发情况。

4. 安全防护

设备安全防护主要是对观测设备和计算机的电源系统和网络系统前端增加保护装置,以起到安全保护作用。统计分析某省台站设备故障情况可知,在近4年中,台站由于雷击导致故障的有130余次,电源故障引发的有50余次,通常这类故障带来的破坏性大,恢复难度大。因此,在设备集成后,加强安全防护是非常重要的。研究中采取在每个观测设备的室外采集器电源端设置电源避雷器,在通信口前端设置光电隔离器,在计算机网络口设置网络避雷装置来最大程度地减少设备故障。

技术成熟的安全防护产品目前市场上有很多,下面仅列举个别说明其性能和作用,具体实施过程中,针对设备安全需要选择合适的产品,或进行必要的改进。

(1) 电源避雷器。目前,设备都是采用220V市电供电,工作电压为220V、5V、12V、24V等,中间需要经过一次或多次电压转换。电源的好坏直接影响设备的运行。当雷电发生时,对电源系统的损坏也是首当其冲。市场上已具有成熟一体化电源防雷器设备可以对雷电进行有效防护。

(2) 网络避雷器。用于集成计算机和闪电定位仪网络数据线路的保护。以太网数据线路电涌保护器,可应用于雷击区域LPZ1—LPZ2分区界面。

(3) 光电隔离器。光电隔离器用于设备通信线两端,起雷电防护作用。自动气象站的雷电防护就使用光电隔离器。

5. 双机备份

系统集成中配置一台计算机用来备份,备份计算机上安装有各个观测设备的软件,并设置好软件的软、硬件设置,以便在故障发生后能够快速切换。在备份计算机硬件的同时,对观测数据同时进行备份,备份方式采取定时备份,尽可能保持数据的连续性。

参 考 文 献

[1] 沈文海.网格计算在气象高性能计算领域的应用前景探讨[J].气象科技,2012,48-51.

[2] 范增禄,薛峰.并行计算编程技术浅析[J].福建电脑,2007,3,42-43,35.

[3] 李明皓,赵威,马廷淮,刘文杰.国家气象应用网格系统的设计[J].计算机工程,2008,12,34(23),283-285.

[4] 沈红,安东升,韩晓静.云计算在气象水文业务中的应用[J].气象水文海洋仪器,2011,12(4),53-56.

[5] 王握文,陈明."天河一号"超级计算机系统研制[J].国防科技,2009,30(6):1-4.

[6] 赵立成.气象信息系统[M].北京:气象出版社,2011.

[7] 张舒,褚艳利,等.GPU高性能运算之CUDA[M].北京:中国水利水电出版社,2009.

[8] 桂小林,等.网格技术导论[M],北京:北京邮电大学出版社,2005.

[9] 王彬,等.气象计算网格模式预报系统的建立与优化[J].计算机应用研究,2010,(11)4182-4184.

[10] 曾庆存.数值天气预报的数学物理基础[M].北京:科学出版社,1979.

[11] Berman F,等编著.都志辉,等译.网格计算:支持全球化资源共享与协作的关键技术[M].武汉:华中科技大学出版社,2005.

[12] 周峥嵘,王峥,何文春.分布式气象元数据同步系统的探索研究[J].应用气象学报,2012,21(1):121-128.

[13] 王鹏.云计算的关键技术与应用实例[M].北京:人民邮电出版社,2010.

[14] 王庆波,何乐.虚拟化与云计算[M].北京:电子工业出版社,2010.

[15] 王鹏.走进云计算[M].北京:人民邮电出版社,2009.

[16] 王倩楠,朱定局.云计算带来的"新气象"[J].先进技术研究通报,2010,4(8):17-20.

[17] 朱近之.智慧的云计算—— 物联网发展的基石[M].北京:电子工业出版社,2010.

[18] 史美林,姜进磊,孙瑞志.云计算[M].北京:机械工业出版社,2009.

[19] 金海,吴松.云计算的发展与挑战[R].中国计算机科学技术发展报告,2009.

[20] 郑纬民.云计算的挑战与机遇[J].中国计算机学会通讯,2011,7(1):18-22.

[21] Paul Brown, Richard Troy, Dave Fisher, Steve Louis, et al. Metadata for Balanced Performance, the First IEEE Metadata Conference, April 1996.

[22] James Griffioen, Raj Yavatkar, et al. Automatic and Dynamic Identification of Metadata in Multimedia, First IEEE Metadata Conference April 16-18, 1996, NOAA Auditorium,

Silver Spring, Maryland.

[23] David Fisher, Terrill Tyler Distributed Metadata Management in the High Performance Storage System, First IEEE Metadata Conference April 16 – 18, 1996, NOAA Auditorium, Silver Spring, Maryland.

[24] Christopher Miller, Thomas Karl, et al. Documenting Climatological Data Sets for GCOS: a Conceptual Model, First IEEE Metadata Conference April 16 – 18, 1996, NOAA Auditorium, Silver Spring, Maryland.

[25] Pamela Drew and Jerry Ying A Metadata Architecture for Multi – System Interoperation, First IEEE Metadata Conference April 16 – 18, 1996, NOAA Auditorium, Silver Spring, Maryland.

[26] Youssef Lahlou 1996 Using an Object – Oriented Data Model as a Meta – Model for Information Retrieval First IEEE Metadata Conference April 16 – 18, 1996, NOAA Auditorium, Silver Spring, Maryland.

[27] Barbara Bicking, Russell East 1996 Towards Dynamically Integrating Spatial Data And Its Metadata, First IEEE Metadata Conference April 16 – 18, 1996, NOAA Auditorium, Silver Spring, Maryland.

[28] Len Seligman, Arnon Rosenthal 1996 A Metadata Resource to Promote Data Integration, First IEEE Metadata Conference April 16 – 18, 1996, NOAA Auditorium, Silver Spring, Maryland.

[29] John Doppke, Dennis Heimbigner, and Alexander L. Wolf 1996 Language – Based Support for Metadata, First IEEE Metadata Conference April 16 – 18, 1996, NOAA Auditorium, Silver Spring, Maryland.

[30] Thomas Devogele, christine Pareent and Stefano Spaccapietra, On spatial database integration, INT. J. Geographical information science, 1998, Vol. 12, No. 4, 335 – 352.

[31] Francis. P. Bretherton, Paul T. Singley, 1994 Metadata a Users' View, IEEE 1994, 166 – 176.

[32] 孔璐,吴志坚,顾洪. 数据库原理与开发应用技术[M],北京:国防工业出版社,2004.

[33] 唐泽圣. 三维数据场可视化[M]. 北京:清华大学出版社,1999.

[34] Schumaker L. Fitting Surfacesto Scattered Data[A]. Chui C, Schumaker L, Lorentz G. ApproximationTheoryII[C]. NewYork:Wiley,1976. 203 – 268.

[35] Franke R. Scattered Data Interpolation:Test of Some Methods[J]. Mathematics of Computation,1982,38(157):181 – 200.

[36] Lancaster P, Salkauskas KJ. Cur Keand Surface FittinL [M]. SanDieLo:Mcademic Press,1986.

[37] Po Nell MJD. Radial Oasis Functions for MultiKaria P leInterpolatio[M]. In:Mason J C, CoQMR. MlLorithms for MpproQimation of Functionsand Data . [C]. SeNTork, ST, USM: ClarendonPress,1987. 1V3 – 168.

[38] Franke R, Sielson R M. Scattered Data Interpolation and Mpplications:M Tutorial and Sur

KeW[M]. Xa Len X,Roller D. Reometric Modellin L:Methods and Their Mpplication[C].
Oerlin:SprinLer – YerlaL,1991. 131 – 160.

[39] 王金生,韩臻,施寅,等.几种经典网格细分算法的比较[J].计算机应用研究,200V
(6):139 – 1V1.

[40] 周海,周来水,王占东,等.散乱数据点的细分曲面重建算法及实现[J].计算机辅助
设计与图形学学报,2003,15(10):1287 – 1292.

[41] 张宏鑫,王国瑾.半静态回插细分方法[J].软件学报,2002,13(9):1830 – 1839.

[42] 张海藩.软件工程导论[M].北京:清华大学出版社,2008.

[43] 沙莎.基于 GIS 的气象信息集成和分析系统[D],南京信息工程大学,2011.

[44] 秦明俊.气象信息综合管理系统的设计与实现[D],电子科技大学,2011.

[45] 魏冶.基于 ArcGIS Engine 的多源气象信息综合分析系统的设计与实现[D],东北师
范大学,2009.

[46] 郭清厉,陈卫东,王国君. 软件工程在气象业务平台建设中的应用[J].陕西气象,
2007(5):43 – 45.

[47] 胡文东,赵光平,等.省级气象预报业务系统软件工程开发原则与技术[J].气象科
学,2006,26(1):81 – 89.

[48] 洪伦耀,董云卫.软件质量工程[M].西安:西安电子科技大学出版社,2004.

[49] 柏枫,吴奇生.市级气象通信网络的优化建设[J].计算机系统应用, 2010,19(12):
142 – 146.

[50] 赵西峰,张斌武.发展中的中国气象通信系统[J].通信世界,2000(6):32 – 33.

[51] 李湘.气象通信系统发展与展望[J].气象,2010,36(7):56 – 61.

[52] 王成国,李永花,等.青海省气象信息网络系统的设计与实现[J].青海气象,2001
(1):44 – 47.

[53] 曲军.山东省气象通信网络系统简介[J].山东气象,2008,28(1):41 – 42.

[54] 赵文雪.气象信息服务系统[D],青岛大学,2007.

[55] 魏六峰.气象信息存储管理和显示分析系统的研究和设计[D],重庆大学,2006.

[56] 吴文玉,等.省级农业气象业务系统集成技术研究[J].计算机系统应用,2007(12):
11 – 14.

[57] 冯锐,等. 基于 GIS 的农业气象预报系统集成[J].中国农学通报,2012,28(26):
298 – 303.

[58] 陈往溪,张翼,等. 气象灾害预警广播系统集成技术[J].广东气象,2007,29(2):
44 – 46.

[59] 粮程业,闻春华,等.江西省地面气象观测站业务系统集成设计[J].气象与减灾研
究, 2010,33(2):64 – 68.

[60] 黄阁,崔劲松,姚树明,等.自动站资料实时显示及其在预报中的应用[J].辽宁气象,
2003(1):25 – 26.

[61] 于平,李汉斌,段海花,等.市级自动气象站数据库显示系统的设计与实现[J].广东
气象, 2008,30(6):57 – 58.

146

［62］ 李集明,沈文海,王国复.气象信息共享平台及其关键技术研究［J］.应用气象学报,
2006.10,17(5):622.

［63］ 王春虎,周林.中国气象现代化60年气象信息网络［G］2009.

［64］ 宋连春,李伟.综合气象观测系统的发展［J］.气象,2008,34(3):3－9.

［65］ 曲文政.现代气象预报系统平台设计与实现［D］.吉林大学,2011.

［66］ 姚志平.基于Web服务的气象网络监控系统设计与实现［D］.吉林大学,2012.

［67］ 李茂达.基于J2EE框架的气象信息系统的研究与实现［D］.电子科技大学,2008.